IT 세계가
그렇게
어려운가요?

IT 세계가 그렇게 어려운가요?

십대를 위한 AI 디지털 문해력 수업

세상을묻는십대

초판 1쇄 발행 2025년 8월 29일

지은이   이영호 이승현 이동영
펴낸이   이영선
책임편집   이민재

편집   이일규 김선정 김문정 김종훈 이민재 이현정 조유진
디자인   김회량 위수연
독자본부   김일신 손미경 정혜영 김연수 김민수 박정래 김인환

펴낸곳 서해문집 | 출판등록 1989년 3월 16일(제406-2005-000047호)
주소 경기도 파주시 광인사길 217(파주출판도시)
전화 (031)955-7470 | 팩스 (031)955-7469
홈페이지 www.booksea.co.kr | 이메일 shmj21@hanmail.net

ISBN 979-11-94413-62-2 43500

십대를 위한
AI 디지털 문해력 수업

IT 세계가
너무도
어려운가요?

#이영호·이승현·이동영 지음

서해문집

#머리말

여러분도 학교나 집에서 정전을 경험해 봤을 거예요. 컴퓨터와 TV, 엘리베이터가 작동을 멈추고 심할 경우엔 휴대폰도 먹통이 되죠. 자유롭게 이동할 수도, 친구와 메시지를 주고받을 수도 없는 답답한 상황. 마치 문명이 존재하지 않던 원시 시대로 돌아간 기분에 빠질지도 몰라요.

이러한 경험은 우리가 정보기술(Information Technology), 즉 'IT 세상'에 살고 있다는 걸 깨닫게 합니다. 우리는 유튜브·넷플릭스에서 정보와 재미를 얻고, 외출 중에도 휴대폰으로 집안의 에어컨과 세탁기를 작동할 수 있습니다. 반려동물의 사료를 챙기는 것도 가능하죠. 더 나아가 인공지능(AI)이 사람의 자리를 대체하기 시작했습니다. 의사 대신 엑스레이 사진을 판독하고, 변호사 대신 사건을 검토하고, 운전자가 없는 자율주행자동차가 화물을 운송하는 것처럼 말이죠. 인공지능은 심지어 글쓰기와 그림같이 사람만의 영역으로 간주되어 온 창작의 세계까지 넘보고 있어요.

이런 IT 세상에서는 어떤 능력이 필요할까요? 1990년대 후반 페이팔(Paypal)이란 기업의 창업자들은 앞으로의 상품 거래가 오프라인 매장이 아닌 인터넷에서 이루어질 거라고 내다봤습니다. 그래서 현금을 주고받거나 신용카드를 긁을 필요가 없는 온라인 결제 기술을 개발했고, 오늘날엔 전 세계가 페이팔의 시스템을 사용하고 있죠.

그보다 앞서 엔비디아(NVIDIA)라는 기업은 그래픽 처리 기술이 컴퓨터 분야의 핵심이 될 것으로 보고 고성능 그래픽 처리 장치(GPU) 개발에 매달렸어요. 이후 엔비디아는 영상·게임 산업과 함께 성장했고, AI 산업의 핵심으로 주목받으며 세계 최고의 기업이 되었습니다.

이 기업들의 공통점은 무엇일까요? 남들보다 앞서 IT 세상을 읽고, 이해했다는 거예요. 다른 말로 '디지털 문해력'을 갖추었다는 뜻이죠. 문해력이란 글을 읽고 그 뜻을 이해하는 힘을 말합니다. 여러분이 이 글을 이해할 수 있는 것도 한국어 문해력을 지닌 덕분이듯, 디지털 문해력은 우리가 사는 IT 세상을 제대로 이해하는 힘이 되어 줄 겁니다.✦

복잡하고 어렵게만 보이던 IT 기술을 이해하고, 더 나은 IT 세상에서의 더 나은 삶이란 무엇인지 생각해 보는 시간. 이 책과 함께하는 여정이 여러분에게 그런 시간이 되길 바랍니다.

✦ 이 책은 컴퓨터와 통신, 소프트웨어 등 기존의 정보기술(IT)을 넘어 디지털 데이터를 만들고 활용하는 디지털 기술(DT)까지 폭넓게 다루고 있습니다. 둘은 조금 다른 용어지만 쉬운 이해를 위해 책에서는 IT로 통일하되, '디지털 문해력'이라는 표현을 덧붙여 IT 바깥의 영역을 아우르려고 합니다.

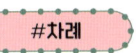

5장 현실 세계와 가상 세계의 융합
스마트 인프라

반도체에서
양자컴퓨터까지

사람이 만든 컴퓨터, 컴퓨터가 만든 세계

엔비디아는 어떻게 세계 최고 기업이 되었나요?

GPU와 인공지능

세계에서 가장 비싼 기업은 어디일까요? 흔히 컴퓨터 운영 체제 윈도우를 만든 마이크로소프트(Microsoft)나 아이폰으로 유명한 애플(Apple)을 떠올릴 텐데요. 2024년 엔비디아(NVIDIA)가 이들을 제치고 전 세계 시가총액 1위 기업으로 떠올랐습니다. 시가총액이란 한 기업이 발행한 주식✦가치의 합

✦ 주식은 기업의 지분, 즉 소유권을 나눈 조각을 뜻합니다. 기업의 지분을 가진 사람을 주주라고 해요. 어떤 기업이 100주를 발행하고, 여러분이 1주를 샀다면 여러분은 그 기업의 지분 1%를 소유한 주주가 되는 거죠.

이에요. 즉 시가총액이 높을수록 그 기업의 가치가 높다는 뜻이죠.

엔비디아는 인공지능(AI) 모델의 핵심 부품인 그래픽 처리 장치(GPU, Graphics Processing Unit)를 개발하는 기업입니다. 전 세계 GPU 시장의 80% 이상을 독차지하고 있죠.

그렇다면 GPU란 무엇일까요? 우리가 보는 컴퓨터·스마트폰의 화면은 실제로는 무수히 작은 점(픽셀, pixel)으로 구성되어 있습니다. 각각의 픽셀은 여러 가지 색깔을 표현하고, 이런 픽셀들이 모여 하나의 이미지를 나타냅니다. 예를 들어 엔비디아의 창업자 젠슨 황(Jensen Huang)이 신형 GPU를 공개하는 장면을 간단한 픽셀 이미지로 변형하면 14쪽의 그림과 같습니다.

이미지가 움직이면 동영상이 됩니다. 픽셀이 많을수록, 또 픽셀의 색깔이 빠르게 변할수록 생동감을 주죠. 이를 가리켜 '화질이 좋다'라고 해요. 그런데 이렇게 좋은 화질을 위해서는 수많은 픽셀의 색깔을 그때그때 순식간에 바꿔야 하고, 그만

큼 빠른 계산력이 필요해요. 이를 가능하게 하는 게 바로 그래픽 처리 장치, GPU입니다.

게임과 그래픽 산업에서 주로 활용되던 GPU가 인공지능 산업의 핵심으로 떠오른 이유도 여기에 있습니다. 인공지능 모델⁺을 만드는 데도 엄청난 계산력이 필요해요. 더 좋은 성능

✦ 인공지능 모델이란 사람의 개입 없이 스스로 추론하고 판단해 임무를 수행하는 프로그램입니다.

의 인공지능 모델을 만들기 위해 고민하던 개발자들은 빠른 계산에 특화된 GPU를 시험해보았죠. 결과는 대성공이었습니다. 오늘날 인공지능의 성능이 눈부시게 발전한 데는 GPU의 공이 아주 크답니다.

한편 GPU는 '디지털 시대의 금'이라고 불리는 암호화폐 채굴에 활용되기도 했어요. 비트코인 같은 암호화폐를 얻으려면 복잡한 수학 문제를 짧은 시간 내에 풀어야 하는데, 방대한 계산력을 갖춘 GPU가 여기에 안성맞춤이었죠. 암호화폐를 채굴하기 위해 너도나도 GPU를 찾으면서, 웃돈을 주고도 GPU를 구하기 힘든 시기가 한동안 이어지기도 했답니다.

사람의 음성과 얼굴을 인식하고, 보고서를 검토하고 작성하며, 악기를 연주하고 그림까지 그리는 인공지능은 사람들의 일상과 세상에 점점 더 커다란 영향을 미치고 있습니다. 그만큼 새롭고 우수한 인공지능 개발을 향한 경쟁도 치열해요. 이런 흐름에서 최고의 GPU를 개발하는 엔비디아가 세계 일류 기업이 된 것은 우연이 아니겠죠?

 다시 익히기

✦ **GPU의 용도로 적절한 것을 고르세요.**

① 인터넷 전송 속도를 올리는 장치
② 그래픽 작업 등과 관련해 복잡한 계산을 처리하는 장치
③ 소리를 크게 증폭하는 장치

✦ **엔비디아가 인공지능 분야에서 주목받게 된 까닭을 고르세요.**

① 컴퓨터 게임을 만드는 기업이어서
② 인공지능 개발에 필수인 고성능 GPU 생산 기업이어서
③ 인공지능 개발을 교육하는 기업이어서

✦ **GPU가 활용되는 분야가 아닌 것은 무엇인가요?**

① 컴퓨터의 중앙처리장치
② 인공지능 모델 개발 및 머신러닝
③ 게임, 애니메이션 등의 고해상도 그래픽 처리

개념 짝짓기

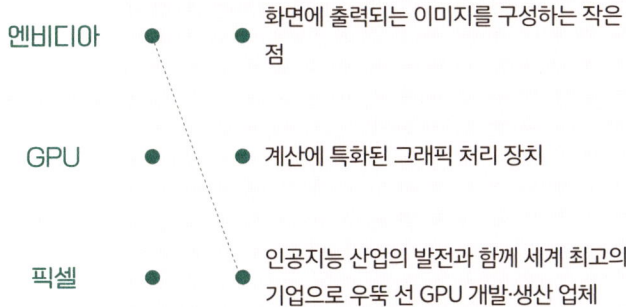

엔비디아 ● → ● 화면에 출력되는 이미지를 구성하는 작은 점

GPU ● ● 계산에 특화된 그래픽 처리 장치

픽셀 ● → ● 인공지능 산업의 발전과 함께 세계 최고의 기업으로 우뚝 선 GPU 개발·생산 업체

꼬리를 무는 IT 상식

CPU와 GPU는 무엇이 다른가요?

컴퓨터, 태블릿PC, 스마트폰에는 모두 중앙처리장치(CPU, Central Processing Unit)가 있습니다. '컴퓨터의 두뇌'에 해당하죠. CPU도 앞서 살펴본 GPU처럼 계산 능력을 갖추고 있습니다. 다만 CPU는 컴퓨터 전체를 제어하는 부품으로, 계산은 기억·해석·제어 등과 함께 CPU가 가진 여러 기능 중 하나예요. 다시 말해 GPU는 대량의 복잡한 계산을 처리하는 데 특화된 장치이고, CPU는 그러한 GPU에 명령을 내리고 제어하는 장치입니다.

생각 나누기

GPU가 인공지능 모델 개발에 활용되지 않았다면 세상의 모습은
지금과 어떻게 다를까요?

반도체는 왜 점점 더 작아질까요?

눈에 보이지 않는 나노 과학의 세계

여러분도 '나노 기술' '나노 공정' '나노 과학'이라는 라는 용어를 들어봤을 거예요. 이때 나노란 길이의 단위로 나노미터(nm)의 줄임말입니다. 1나노미터는 10억 분의 1미터로, 머리카락 두께인 0.1밀리미터보다 10만 배나 작은 단위예요. 나노 기술은 이렇듯 현미경으로도 관찰하기 힘든 작은 물질의 세계를 다룹니다. '현대 산업의 쌀'로 불리는 반도체✦ 분야가 대표적

✦　반도체는 원래 '낮은 온도에서는 전기가 흐르지 않고 높은 온도에서는 전기가 흐르는 물질'을 의미합니다. 대표적으로 실리콘이나, 실리콘으로 만든 트랜지

이죠.

손톱만 한 반도체 칩 속에는 수억에서 수백억 개의 트랜지스터와 회로가 들어갑니다. 반도체의 성능은 대개 트랜지스터의 수와 비례해요. 따라서 회로와 회로 사이의 간격(회로 선폭)을 최대한 좁혀서 더 많은 트랜지스터를 넣는 것이 중요하죠. 이때 이용되는 게 나노 공정입니다. 회로 선폭이 나노미터 단위로 줄어든다는 뜻이에요.

2007년 한국의 반도체 기업 삼성전자는 세계 최초로 65나노미터 공정을 적용한 반도체를 대량생산하는 데 성공했습니다. 이후 발전을 거듭해 2025년부터는 2나노미터 반도체 생산을 눈앞에 두고 있죠. 이에 질세라 경쟁 업체인 티에스엠시(TSMC, 대만 반도체 제작 회사)에서는 1.6나노미터 반도체 개발을 예고하고 있습니다.

스터·다이오드 같은 부품을 반도체라고 해요. 하지만 이런 사전적 정의와 달리 오늘날 반도체라고 하면 수많은 트랜지스터와 전기회로를 결합해 만든 집적회로(IC), 즉 '반도체 칩'을 가리키는 경우가 대부분이에요. 이 책에서도 반도체를 그런 뜻으로 사용했습니다.

그나저나 반도체란 무엇일까요? 반도체는 전자 기기가 작동하는 데 꼭 필요한 부품입니다. 사람은 말로 생각을 표현하고, 동물은 울음소리나 행동으로 감정을 드러내죠. 스마트폰과 같은 전자 기기도 의사소통을 해요. 숫자 0과 1로 만든 신호로 말이죠. 이런 신호를 만들고 전달하는 것이 반도체입니다.

반도체는 스위치처럼 전기의 흐름을 제어해서 신호를 만들어요. 전기가 흐르면 1, 끊기면 0으로 표현하는 방식이죠. 모든 전자 기기는 이런 신호를 통해 데이터를 처리해요. 우리가 늘 손에 쥐고 있는 스마트폰부터 컴퓨터, 냉장고, 자동차, 심지어 간단한 계산기조차 반도체 없이는 만들 수 없답니다.

오늘날 삼성과 TSMC 등 반도체 기업들이 눈에 보이지도 않는 나노미터의 세계에서 경쟁을 벌이는 까닭은 뭘까요? 앞서도 말했듯 반도체는 크기가 작을수록 좋습니다. 정보 전달이 빠를뿐더러 같은 크기의 칩에 더 많은 반도체를 넣을 수 있기 때문이에요. 거기다 전력도 적게 먹죠. 따라서 작은 반도체를 사용한 제품일수록 더 뛰어난 성능과 에너지 효율을 기대할 수 있습니다.

0과 1이라는 전기 신호로 정보를 전달하는 반도체

물론 반도체를 소형화하는 데도 한계가 있어요. 그래서 등장한 것이 반도체 여러 개를 쌓아 올려 하나의 반도체로 이용하는 아이디어입니다. 이런 방식으로 만든 반도체를 고대역폭 메모리(HBM, High Bandwidth Memory)라고 해요. 물론 여기에도 최신 나노 공정이 활용됩니다.

2013년 한국의 SK하이닉스가 최초로 개발한 HBM은 기존 방식보다 더 많은 정보를 더 빠르게 처리하는 성능을 뽐내며 반도체 산업의 대세로 자리 잡았습니다. 앞서 살펴본 엔비디아의 GPU에 사용되는 등 인공지능 개발을 비롯한 첨단 산업 곳곳에서 널리 활약하고 있죠.

이처럼 우리가 누리는 현대 문명은 나노 기술이 집약된 반도체 없이는 불가능합니다. 어떤가요? 이만하면 반도체를 '산업의 쌀'이라고 부를 만하죠?

다시 익히기

✦ **반도체의 주요 기능으로 알맞은 것을 고르세요.**

　① 정보를 저장하고 처리한다.
　② 전자 기기의 발열을 줄인다.
　③ 배터리를 충전한다.

✦ **반도체를 소형화할 때 기대할 수 있는 효과가 아닌 것을 고르세요.**

　① 정보처리 속도 향상
　② 소모 전력 감소
　③ 생산 비용의 증가

✦ **전자 기기는 무엇으로 의사소통할까요?**

　① 빛의 색깔
　② 0 또는 1로 구성된 신호
　③ 물리적 진동

개념 짝짓기

나노미터 ● ● 전자 기기의 핵심 부품으로 전등 스위치처럼 전기 신호를 제어하고 처리함으로써 정보의 처리, 저장, 연산 등 다양한 기능을 수행하는 물질

반도체 ● ● 길이의 단위로 10억 분의 1미터를 의미

고대역폭 메모리 (HBM) ● ● 반도체를 블록처럼 여러 겹 쌓아서 만든 고성능 메모리 반도체

생각 나누기

반도체는 앞으로도 계속해서 소형화할 수 있을까요?

꼬리를 무는 IT 상식

무어의 법칙

고든 무어(Gordon Moore, 1929~2023)는 세계적 반도체 기업 인텔의 공동 설립자입니다. 그는 1965년 반도체 산업의 미래를 전망하며 '반도체는 1~2년마다 성능이 2배씩 증가하고, 반대로 가격은 떨어진다'는 내용의 글을 발표했죠. 이후 반도체 산업이 그의 예측대로 흘러가면서 '무어의 법칙'이란 말이 유행했습니다.

반도체 기술이 급속도로 발전함에 따라 스마트폰, 컴퓨터, 자동차의 성능도 크게 향상되었습니다. 반면 반도체의 가격은 갈수록 저렴해져서 사람들은 좋은 제품을 더 합리적인 가격에 사용할 수 있게 되었죠.

그런데 최근에는 무어의 법칙이 깨졌다는 주장도 있어요. 반도체 공정이 1~2나노미터 수준에 다다르면서 소형화를 통한 성능 개선이 점차 어려워지고 있기 때문입니다.

10자 년⁺ 걸리는 문제를 5분 만에 해결하는 방법은?

양자컴퓨터

"오늘 오전에는 맑겠지만 오후에는 비가 올 수 있으니 우산을 챙기시기 바랍니다."

텔레비전과 라디오에서 오늘의 날씨를 알려주는 기상캐스터는 어떻게 비가 오는 것을 미리 알 수 있을까요? 바로 슈퍼컴퓨터(supercomputer) 덕분입니다. 초당 150경(경은 10^{16}, 즉 1

✦ 1자 년은 10^{24}년, 1억 년의 세제곱입니다. 따라서 10자 년을 풀어 쓰면 10,000,000,000,000,000,000,000,000년입니다. 어마어마하죠?

뒤에 0이 16개 붙은 수예요) 번 이상의 계산이 가능한 슈퍼컴퓨터
는 기상 정보를 누구보다 빠르게 분석해서 날씨를 예측해 왔
습니다.

그런데 이런 슈퍼컴퓨터 앞에 양자컴퓨터(quantum com-
puter)라는 막강한 도전자가 등장했어요. 두 컴퓨터는 굉장히
복잡한 문제를 놓고 누가 빨리 해결하는지 겨루었죠. 결과는
어땠을까요? 슈퍼컴퓨터가 푸는 데도 무려 10자 년이 걸리는
문제를 양자컴퓨터는 단 5분 만에 해결했습니다. 예상을 뛰어
넘은 엄청난 격차에 사람들은 놀라움을 감추지 못했죠.

양자컴퓨터는 어떻게 그토록 빠른 계산력을 가질 수 있을
까요? 비결은 독특한 정보처리 방법에 있어요. 앞서 살펴본
반도체의 작동 원리와 마찬가지로 슈퍼컴퓨터를 비롯한 기존
컴퓨터는 숫자 0과 1로 정보를 처리하고 저장합니다. 이때 비
트(bit)라는 단위를 사용해요. 한 개의 비트는 0과 1 가운데 하
나만 표현하죠.

반면 양자컴퓨터는 큐비트(qubit, quantum-bit)라는 단위를

사용합니다. 양자비트라는 뜻이에요. 한 개의 큐비트는 0과 1을 동시에 나타낼 수 있어요. 이는 '중첩(겹침)'이라고 하는 양자 세계의 특성 때문입니다.✦ 중첩? 겹침? 조금 어렵죠? 동전 던지기에 비유해볼게요. 기존 컴퓨터에서는 동전의 앞뒷면 중 하나만 나오지만, 양자역학의 원리가 적용되는 양자컴퓨터에서는 동전이 빙글빙글 돌고 있기에 앞면과 뒷면이 동시에 존재할 수 있습니다.

그래도 아리송하다면 미로에서 길을 찾는 상황을 떠올려도 좋아요. 기존 컴퓨터는 한 번에 하나의 길만 찾습니다. 일단 그 길을 끝까지 가보고 잘못된 경로라는 게 확인되면 비로소 다른 길을 탐색하죠. 이와 달리 양자컴퓨터는 여러 경로를 한 번에 확인할 수 있습니다. 출구를 보다 빠르게 찾을 수 있는 셈이죠. 이처럼 복잡한 경우의 수를 동시에 처리할 수 있는 양자컴퓨터는 특히 의학·우주 산업, 암호해독 등의 분야에서

✦ 양자는 '더 이상 나눌 수 없는 에너지의 최소 단위'입니다. 빛의 입자인 광자, 원자핵을 구성하는 양성자와 그 주위를 도는 전자 같은 것들이죠. 이렇게 우리 눈에 보이지 않는 아주 작은 세계를 탐구하는 학문을 양자역학이라고 해요.

슈퍼컴퓨터(위)와 양자컴퓨터의 미로 찾기

큰 기대를 모으고 있어요.

그런데 이렇게 뛰어난 성능을 자랑하는 양자컴퓨터도 문제가 있습니다. 양자컴퓨터의 핵심인 큐비트를 제어하기 위해서는 절대영도(-273℃)에 가까운 온도와 진공 상태를 유지해야 해요. 다시 말해 주변 환경이 조금만 변해도 오류가 발생할 수 있는 거죠.

"양자의 움직임을 완벽히 이해하는 사람은 아무도 없다."

양자 연구로 노벨물리학상을 받은 물리학자 리처드 파인먼(Richard Feynman, 1918~1988)은 이렇게 말했어요. 그의 말처럼 양자컴퓨터 개발엔 여전히 적지 않은 과제가 남아 있어요. 하지만 기술은 나날이 발전하며 조금씩 한계를 돌파하고 있죠. 오늘날 사람들이 일반 컴퓨터를 다루듯 양자컴퓨터를 손쉽게 이용하는 날을 상상해볼까요? 어쩌면 우주의 기원과 같은 거대한 수수께끼를 우리 손으로 직접 밝혀낼 수 있을지도 모릅니다.

 # 다시 익히기

✦ **슈퍼컴퓨터가 날씨를 예측하는 방법은 무엇인가요?**

　① 기온, 기압, 풍속 등 각종 기상 데이터를 분석한다.
　② 하늘의 모습을 카메라로 촬영해 분석한다.
　③ 동물의 행동과 날씨의 상관관계를 분석한다.

✦ **양자컴퓨터가 기존 컴퓨터보다 문제 해결이 빠른 이유를 고르세요.**

　① 큰 저장 공간에서 더 많은 데이터를 활용할 수 있어서
　② 더 많은 전력을 사용해서
　③ 여러 작업을 동시에 수행할 수 있어서

✦ **양자컴퓨터 개발이 더딘 이유를 고르세요.**

　① 미세한 환경 변화에도 오류가 발생할 수 있어서
　② 0℃의 온도를 유지해야 해서
　③ 막대한 전력을 소모해서

개념 짝짓기

큐비트 ● ● 많은 데이터를 빠른 속도로 처리할 수 있는 고성능 컴퓨터

양자컴퓨터 ● ● 중첩 등 양자 세계의 원리를 활용해 특정 분야에서 엄청난 성능을 발휘하는 컴퓨터

슈퍼컴퓨터 ● ● 양자컴퓨터의 정보처리 단위로 0과 1을 동시에 표현 가능함

꼬리를 무는 IT 상식

해킹에서 안전한 '양자통신'

컴퓨터나 스마트폰에서 주고받는 정보를 몰래 훔쳐보는 것을 해킹(hacking)이라고 합니다. 해킹은 어떻게 일어날까요? 대부분의 통신 수단은 정보를 숫자 0과 1로 바꿔서 주고받아요. 보안을 위해 암호를 걸어두지만, 해커들은 이걸 뚫고 정보를 가로채거나 몰래 복제하죠.

'양자통신' 또는 '양자암호통신'은 이런 해킹을 막을 수 있는 기술이에요. 양자의 특성을 활용해 만든 암호는 정보를 주고받는 당사자 말고는 알 수 없어요. 설령 해커가 암호를 탈취한다고 해도 해당 정보는 변형돼버리고, 해킹 사실이 바로 발각됩니다. 누군가 나의 비밀 일기를 열어보는 순간 일기장의 글자가 사라져버리는 것과 같죠.

 생각 나누기

여러분은 양자컴퓨터로 어떤 문제를 해결하고 싶나요?

구름 위에 펼친 무한한 가능성

클라우드 컴퓨팅

언제 어디서든, 어떤 주제가 되었든 내 이야기에 귀 기울여 주는 친구가 있다면 어떨까요? 외롭고 지루한 일상을 보내던 한 남성이 광고를 보고 인공지능 프로그램 'OS1'이 설치된 기기를 구입합니다. 그는 일할 때도 산책할 때도 식사할 때도 OS1과 함께해요. 깜빡하고 기기를 집에 놓고 온 날에도 인터넷을 통해 대화를 이어가죠. 그는 항상 자신에게 관심을 보이고 친절하게 구는 인공지능 프로그램에 점차 인간적 호감을 갖고, 마침내 사랑에 빠지게 됩니다.

영화 〈그녀(Her)〉에 등장하는 인공지능 OS1은 '클라우드 컴퓨팅'에 기반한 프로그램입니다. 클라우드 컴퓨팅이란 인터넷을 통해 저장 공간(스토리지), 데이터베이스, 소프트웨어, 인공지능 등을 이용하는 기술이에요. 이용자에게 필요한 모든 컴퓨팅 자원이 클라우드(cloud), 즉 구름처럼 모여 있다고 해서 붙은 이름이죠.

클라우드 컴퓨팅은 일상 곳곳에서 이용됩니다. 사진이나 영상, 문서를 클라우드에 저장하면 언제 어디서든 쉽게 꺼내 볼 수 있죠. 컴퓨터가 바뀌어도 문제없어요. 클라우드에 저장해둔 파일을 내려받아 작업을 이어가면 되니까요. 챗GPT 등 인공지능 서비스 역시 클라우드 컴퓨팅을 이용한답니다.

사람들은 왜 클라우드 컴퓨팅을 이용할까요? 첫 번째는 가성비입니다. 고성능 컴퓨터나 저장 매체, 소프트웨어를 따로 장만할 필요 없이 일정한 비용만 내고 해당 기능을 이용할 수 있으니 훨씬 경제적이죠.

두 번째는 데이터 관리와 이용이 간편하다는 점입니다. 언

제 어디서나 클라우드에 저장된 데이터에 접근할 수 있고, 필요한 사람과 공유하는 것도 어렵지 않아요.

개인 컴퓨터에 비해 안전하다는 장점도 있어요. 클라우드 컴퓨팅을 제공하는 기업은 대부분 강력한 보안 시스템을 갖추고 있습니다. 사용자의 데이터를 안전하게 보호하기 위해서죠.

물론 100% 안심할 수는 없습니다. 2019년 미국의 은행 '캐피털 원'은 AWS(아마존 웹 서비스)라는 클라우드 컴퓨팅을 이용하고 있었어요. 그런데 여기에서 해킹 사건이 벌어졌습니다. 무려 1억 명 넘는 고객들의 이름, 주소, 전화번호 등 개인 정보가 유출된 대형 사고였죠. 이 사건은 클라우드 컴퓨팅 서비스가 안전하지만은 않다는 걸 보여준 동시에 해당 업계에서 보안을 더욱 강화하는 계기가 되었습니다.

어느새 우리의 일상은 물론 교육, 의료, 금융 등 사회 각 분야에 깊숙이 들어온 클라우드 컴퓨팅 기술. 이제는 인공지능, 빅데이터 기술 등과 결합해 더욱 편리하고 스마트한 세상을 만들어가고 있습니다.

다시 익히기

✦ 영화 〈그녀〉의 주인공은 인공지능 프로그램과 언제 어디서나
대화합니다. 이런 일이 어떻게 가능할까요?

　① 스마트폰에 대화 데이터를 저장해서
　② 고성능 컴퓨터를 늘 휴대해서
　③ 클라우드 컴퓨팅에 기반한 프로그램이기 때문에

✦ 클라우드 컴퓨팅에 대한 설명으로 옳지 않은 것을 고르세요.

　① 개인용 컴퓨터의 성능을 향상시킨다.
　② 데이터를 간편하게 공유할 수 있다.
　③ 챗GPT 같은 인공지능 서비스를 이용할 수 있다.

✦ 클라우드 컴퓨팅의 장점이 아닌 것을 고르세요.

　① 편리한 데이터 관리
　② 완벽한 보안
　③ 저장 공간과 소프트웨어 등 컴퓨팅 자원을 저렴하게 이용

개념 짝짓기

컴퓨팅 자원 ● ● CPU, 메모리, 저장 매체, 운영체제, 프로그램 등 컴퓨터의 정보처리에 이용되는 하드웨어와 소프트웨어를 아울러 일컫는 말

클라우드 컴퓨팅 ● ● 개인정보 등 서비스 이용자의 데이터를 보호하는 기술 및 제도

보안 시스템 ● ● 인터넷을 통해 언제 어디서든 컴퓨팅 자원을 이용할 수 있는 기술

꼬리를 무는 IT 상식

왜 '클라우드'일까요?

여러 컴퓨터를 연결해놓은 그림을 본 적 있을 거예요. 수많은 아이콘, 복잡하게 꼬아 놓은 색색의 선들… 보기만 해도 머리가 아프죠. 언제부턴가 사람들은 이 복잡한 구조를 구름(cloud) 모양으로 간단하게 표현하기 시작했습니다. 실제로 얽히고설킨 아이콘과 선들을 멀리서 보면 구름처럼 보이기도 해요.

구름은 언제 어디서나 쉽게 볼 수 있고 끊임없이 모양을 바꿉니다. 클라우드 컴퓨팅 서비스도 마찬가지예요. 언제 어디서든 데이터에 접근할 수 있고 클라우드 속 데이터는 끊임없이 변화합니다. 마치 구름처럼 말이죠.

💬 생각 나누기

클라우드에 저장된 데이터를 더 안전하게 보호하려면 어떻게 해야
할까요?

단추만 한 컴퓨터?

진화하는 웨어러블 기기

2025년 미국의 IT 기업 베이스드 하드웨어(Based Hardware)에서 흥미로운 제품을 개발했습니다. 오미(Omi)라는 이름의 이 기기는 작은 동전 형태로 눈과 귀 사이에 부착하거나 목에 걸 수 있습니다. 배지나 펜던트처럼 옷에 붙일 수도 있죠.

뇌의 신호(뇌파)를 감지하는 기술과 인공지능을 결합한 오미는 다양한 기능을 수행합니다. 이용자의 대화를 기록하고 요약하는 것은 물론, 대화에 유용한 정보를 실시간으로 제공해요. 또한 이용자의 집중력이 떨어지는 순간을 감지해 적절한 알림을 제공하기도 합니다. 중요한 정보를 놓치지 않도록 돕는 기능이죠.

오미와 같이 사람 몸에 착용하는 전자 제품을 '웨어러블 기기(wearable device)'라고 해요. 웨어러블 기기의 형태는 다양합니다. 손목시계나 안경·반지 모양을 하기도 하고, 피부에 부착하거나 옷처럼 입는 경우도 있죠. 얼핏 보면 단순한 장신구나 의복 같지만 실은 몸에 착용하는 작은 컴퓨터입니다.

웨어러블 기기가 처음 등장한 건 1961년입니다. 미국의 수학자 에드워드 소프(Edward Thorp)와 클로드 섀넌(Claude Shannon)이 개발했죠. 카지노에서 룰렛 게임을 즐기던 두 사람은 승률을 높일 아이디어를 떠올렸습니다. 회전하는 원반의 속도와 그 위를 굴러다니는 구슬의 속도를 계산해 구슬이 떨어지는 위치를 예측하는 것이었어요. 그러자면 몸에 숨겨서 사용할 수 있는 아주 작은 컴퓨터가 필요했죠.

소프와 섀넌은 여러 번의 시행착오 끝에 신발에 부착하는 담뱃값 크기의 장치를 만들어냅니다. '룰렛 컴퓨터'라는 이

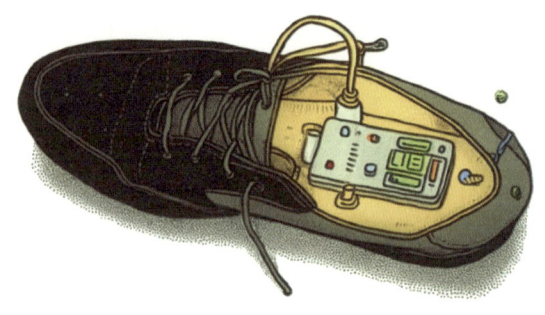

름의 이 장치는 발가락으로 스위치를 누르면 컴퓨터가 원반과 구슬의 속도를 측정하고, 그 결과가 이어폰으로 전달되는 방식으로 작동했습니다. 테스트 결과도 성공적이었어요. 여러 사정상 실전에 사용되지는 않았지만, 룰렛 컴퓨터는 '사람이 착용하는 컴퓨터'라는 점에서 틀림없는 웨어러블 기기입니다.

그로부터 50여 년이 지난 오늘날에는 '스마트 워치'와 같은 웨어러블 기기를 사용하는 사람들을 쉽게 마주칠 수 있습니다. 배터리 기술의 발전, 신체 활동과 반응하는 센서와 무선통신 기술의 향상, 스마트폰의 보급 등이 웨어러블 기기의 성장에 밑거름이 되었어요.

마이크로소프트가 개발한 '홀로렌즈(HoloLens)'는 머리에 착용하는 웨어러블 기기로 증강현실(AR, 76쪽 참고)과 인공지능(AI) 기술을 활용해 이용자의 눈앞에 다양한 정보를 제공합니다. 한편 삼성전자의 '갤럭시 링'은 손가락에 끼고 사용하는 제품이에요. 이걸 착용하면 멀리 떨어진 스마트폰을 손동작

으로 조작할 수 있고, 이용자의 건강 정보도 파악할 수 있답니다.

입안에 장착하는 웨어러블 기기도 있어요. 프랑스 기업 오그멘털(Augmental)이 만든 '마우스패드(Mouthpad)'는 혀를 이용해 스마트폰·컴퓨터 조작이 가능한 기기로, 특히 장애인에게 유용한 기술로 주목받고 있습니다.

이렇듯 새롭게 개발되는 웨어러블 기기들은 상상의 영역을 하나하나 현실로 바꾸고 있답니다. 더 작고 더 가볍게, 처음부터 우리 몸과 하나였던 것처럼 자연스럽게 결합하는 형태로 발전하면서 말이죠. 앞으로는 우리가 착용하는 모든 것이 인터넷과 연결되어 우리의 일상을 보다 재미있고 편리하게 만들어줄 거예요.

다시 익히기

✦ **웨어러블 기기 오미에 대한 설명으로 옳은 것을 고르세요.**

　① 손목시계 형태로 운동 기록을 측정한다.
　② 뇌파를 분석해 집중력의 변화를 감지한다.
　③ 안경처럼 착용하는 기기로 대화 상대의 특성을 분석한다.

✦ **최초의 웨어러블 기기인 룰렛 컴퓨터에 대한 설명으로 옳은 것을 고르세요.**

　① 손목시계 모양으로 게임 참가자의 심박수를 체크했다.
　② 담뱃값 모양의 소형 컴퓨터와 이어폰으로 구성되었다.
　③ 머리에 착용하는 형태로 과거 룰렛 게임 데이터를 분석해 결과 를 예상했다.

✦ **웨어러블 기기의 발전에 영향을 준 요소로 적절하지 않은 것을 고르세요.**

　① 휴대용 기기에 전원을 공급하는 배터리 기술의 발전
　② 신체 활동을 감지하는 센서와 무선통신 기술의 발전
　③ 카지노 등 도박 산업의 발전

개념 짝짓기

웨어러블
기기
●　　　● 마이크로소프트에서 출시한 제품으로
인공지능과 증강현실 기능을 활용해
이용자의 눈앞에 다양한 정보를 제공하는
웨어러블 기기

룰렛 컴퓨터 ●　　　● 몸에 착용하는 형태의 소형 컴퓨터나
스마트 기기

홀로렌즈 ●　　　● 룰렛 게임의 승률을 높이기 위해 고안된
최초의 웨어러블 기기

꼬리를 무는 IT 상식

웨어러블 기기는 우리 몸과 어떻게 신호를 주고받을까요?

웨어러블 기기에는 다양한 센서가 있습니다. 예컨대 건강과 관련한 기기라면 사람의 동작이나 피부의 미세한 움직임, 빛 반사, 전기자극 등을 감지하죠. 컴퓨터는 센서가 보내온 신호를 분석해 이용자의 심박수와 혈압 등 필요한 건강정보를 내놓습니다. 이밖에 특정한 동작을 통해서 웨어러블 기기를 제어하거나, 이용자의 위급상황을 감지해 기기가 자동으로 작동하는 것도 모두 센서가 담당하는 역할이에요.

생각 나누기

내게 필요한 웨어러블 기기의 형태와 기능은 무엇일까요? 개발자
가 되어 나만의 웨어러블 기기를 상상해 봅시다.

땅속에 숨겨진 보물을 찾아라!

희토류 전쟁

미국과 중국은 긴 시간 동안 희토류라는 흙을 놓고 갈등을 겪어 왔습니다. 얼마나 대단한 흙이길래 세계 최강대국인 두 나라를 다투게 만드는 걸까요?

희토류는 말 그대로 '희귀한 흙(稀土類, rare-earth)'이란 뜻입니다. 그런데 알고 보면 희토류는 그다지 희귀하지 않은 자원이에요. 가령 금은 전 지구에 5만 톤이 매장되어 있지만 희토류 매장량은 약 1억2000만 톤이랍니다. 금의 2400배에 달하죠. 이렇게나 풍부한데도 불구하고 희토류라는 이름이 붙은 사연은 이렇습니다.

1787년 스웨덴의 지질학자 칼 악셀 아레니우스(Carl Axel Arrhenius)는 위테르뷔(Ytterby)라는 마을에서 낯선 광물을 하나 발견합니다. 부피에 비해 굉장히 무겁고 어두운 빛깔을 한 돌이었죠. 이 돌의 정체가 궁금했던 그는 요한 가돌린(Johan Gadolin)이라는 핀란드의 화학자에게 분석을 요청했어요.

1794년 가돌린은 이 광물에서 그때까지 보고되지 않은 미지의 원소*를 분리하는 데 성공합니다. 그리고 광물이 처음 발견된 마을의 이름을 따서 이트륨(Yttrium)이라고 명명했죠. 최초의 희토류가 세상에 등장한 순간입니다.

그 후 이처럼 새로운 원소가 16개 더 발견되었어요. 이 원소들은 화학적 성질이 비슷해 따로 분리하는 게 무척 어려웠

✦ 원소는 물질을 이루는 기본 요소입니다. 산소(O), 수소(H), 탄소(C) 같은 것들로, 2025년 현재까지 118개가 발견되었어요. 원자와 헷갈릴 수도 있을 텐데요. 원자는 원소의 특성을 간직하고 있는 물질의 가장 작은 입자를 가리킵니다.

습니다. 무엇보다 이 원소들을 포함한 광물을 찾는 일도 쉽지 않았죠. 과학자들은 이런 특성에 주목해 이트륨을 비롯한 17개의 원소를 희토류로, 이러한 희토류를 함유한 광물을 희토류광물이라고 부르기 시작했습니다.

희토류는 굉장히 다재다능한 자원이에요. 밝고 선명한 스마트폰 화면, 빨리 충전되고 오래가는 배터리, 강력한 전기자동차 모터에는 모두 희토류가 빠지면 곤란합니다. 자기공명영상(MRI) 등 질병 진단이나 치료 기술 등에도 중요한 역할을 담당하죠.

이제 미국과 중국의 희토류 전쟁으로 돌아가 볼까요. 중국은 세계 최대의 희토류 생산국입니다. 매장량이 가장 많을뿐더러 일찌감치 희토류 가공 기술 발전에 공을 들인 덕분이죠.

한편 미국은 전 세계의 첨단 산업을 이끄는 나라로, 그만큼 많은 희토류를 사용합니다. 그런 미국과 최강대국 자리를 놓고 겨루는 중국이 희토류 수출을 줄이거나 막으면 어떻게 될까요? 전 세계가 곤란에 처하겠지만 특히 미국의 산업과 경제가 큰 타격을 입을 거예요.

　실제로 그런 일이 벌어지기도 했습니다. 이에 미국은 중국의 다른 수출품에 세금을 매기는 식으로 견제하는 동시에 다른 나라에서 희토류를 공급받기 위해 분주히 움직였어요. 한편으론 희토류를 대신할 소재를 개발하는 연구도 활발히 진행하면서 말이죠. 땅속 보물을 차지하기 위한 보이지 않는 전쟁은 앞으로도 계속될 거예요. 세계 경제의 주도권은 희토류를 얼마나 효율적으로 활용하는지, 그리고 희토류의 대체 자원을 누가 먼저 개발하는지에 크게 좌우될 테니까요.

미국과 중국의 희토류 전쟁

다시 익히기

✦ **이트륨을 비롯한 17개의 원소에 희토류라는 이름이 붙은 까닭을 고르세요.**

    ① 광물의 색이 희귀하고 아름다워서
    ② 이트륨 등 희토류를 함유한 광물이 희귀하고, 그 원소들을 분리
       하기도 어려워서
    ③ 지구에서는 구할 수 없는 흙이어서

✦ **희토류의 쓰임새가 아닌 것을 고르세요.**

    ① 질병을 진단하는 의료 기기
    ② 전기차의 모터와 배터리
    ③ 금은, 다이아몬드 등을 대신하는 귀금속

✦ **미국과 중국이 희토류를 두고 다투는 가장 큰 이유는 무엇인가요?**

    ① 중국이 미국에 희토류 수출을 제한하고 있어서
    ② 미국에 매장된 희토류를 중국이 탐내고 있어서
    ③ 더 많은 희토류를 수입하려는 경쟁 관계여서

개념 짝짓기

희토류 ● ● '희귀한 흙'이라는 뜻으로 여러 첨단 산업의
핵심 소재로 활용되는 자원

이트륨 ● ● 물질을 이루는 기본 단위

원소 ● ● 1700년대 후반에 최초로 발견된 희토류

꼬리를 무는 IT 상식

> **자기 몸무게의 1000배를 들어 올리는 천하장사,**
> **네오디뮴 자석**

17가지 희토류 가운데 하나인 네오디뮴(Nd)은 세상에서 가장 강한 자석의 원료입니다. 우리가 가장 흔히 사용하는 검은색 페라이트 자석은 보통 자기 무게의 2~3배 정도를 감당할 수 있어요. 이에 견줘 네오디뮴 자석은 무려 자기 무게의 1000배 이상을 들어 올리는 괴력의 소유자입니다. 이처럼 작은 크기에도 강한 자력을 발휘하는 네오디뮴 자석은 음향 기기나 전기차의 모터에 들어가는 진동·회전 장치를 소형화하고 그 성능을 향상시키는 데 크게 기여하고 있어요.

생각 나누기

희토류 수출을 제한함으로써 세계 각국의 산업에 영향을 미치는
중국의 행동을 어떻게 봐야 할까요?

----

0 2

IT 세계의 금광,
데이터 과학

세상은
데이터로
이루어져 있다

내 취향을 저격하는 유튜브와 쿠팡의 비결

빅데이터 프로세싱

무심결에 마주친 유튜브 쇼츠(3분 이내의 짧은 영상 콘텐츠) 하나에서 시작해 정신을 차려 보니 서너 시간이 훌쩍 흘러가 버린 경험이 다들 있을 거예요. 내가 관심을 가질 만한 주제의 영상이 끊임없이 이어지기에 한번 빠지면 끊기 힘들죠. 유튜브는 어떻게 내 취향에 딱 맞는 콘텐츠를 골라 추천하는 걸까요?

유튜브 추천 서비스의 핵심은 빅데이터(big data) 활용에 있습니다. 빅데이터란 말 그대로 '방대하고 다양한 데이터'입니다. 오늘날 디지털 시대에는 인터넷 검색 기록, 자동차 내비게이션이나 신용카드 결제 기록으로 드러나는 이동 경로와 방문 빈도 등 아주 사소한 것들 하나하나가 모두 데이터로 저장되고 있어요. 이렇게 폭증하는 데이터에서 의미와 가치를 찾아내고 유용한 정보로 활용하는 기술을 빅데이터 프로세싱 (big data processing)이라고 해요.

유튜브는 이용자가 남긴 모든 흔적을 빅데이터로 활용합

니다. 예를 들어 이용자가 어떤 영상을 끝까지 보거나 반복해서 시청하면 해당 영상의 주제나 등장인물을 선호한다고 판단해요. 같은 영상을 본 다른 이용자들이 어떤 콘텐츠를 즐겨 보았는지도 집계하죠. 그 밖에 '좋아요'와 '구독'을 누른 영상, 댓글을 단 영상, 공유한 영상 등 수많은 데이터를 종합합니다. 우리 눈앞에 펼쳐지는 추천 영상은 모두 이런 분석의 결과예요.

유튜브뿐만 아닙니다. 중고품 거래 애플리케이션 '당근'은 검색 기록과 거래 데이터를 바탕으로 이용자의 관심을 끌 만한 상품을 화면에 먼저 노출해요. 간편결제 서비스 업체 '카카오페이'는 소비 습관 데이터를 분석해 이용자별로 맞춤형 카드를 추천하고 할인 쿠폰을 제공합니다.

빅데이터 활용은 '로켓배송'으로 유명한 전자상거래 기업 쿠팡의 성장에도 크게 기여했어요. 쿠팡처럼 신선 식품을 비롯해 수많은 종류의 상품을 판매·배송하는 전자상거래 기업에는 필요한 상품과 수량을 제때 확보하는 방안이 무엇보다 중요합니다.

이를 위해 쿠팡은 과거의 주문 데이터를 분석해 필요한 제품을 미리 확보해 두는 전략을 세웠습니다. 구매 목록, 요일과 시간대별 주문량, 지역별 특성까지 분석해 어떤 상품이 어느 시간에, 어떤 지역에서 주문될지 미리 파악하고 준비한 거예요.

기업뿐만 아닙니다. 앞으로 여러분이 어른이 된 세상에선 빅데이터를 읽는 안목, 나아가 그런 안목을 바탕으로 합리적인 결정을 내릴 수 있는 능력이 더 크게 요구될 거예요. 여러분에게 필요한 빅데이터는 어떤 것인가요? 여러분은 빅데이터를 어떻게 활용하고 싶나요?

다시 익히기

✦ **유튜브가 영상을 추천할 때 고려하지 않는 정보를 고르세요.**

① 같은 영상을 시청한 이용자들이 즐겨 본 콘텐츠
② 이용자가 '좋아요'를 누르거나 댓글을 작성한 영상의 주제
③ 영상의 화질

✦ **빅데이터와 그 활용에 대한 설명으로 적절하지 않은 것을
고르세요.**

① 빅데이터는 용량이 너무 커서 분석할 수 없다.
② 방대한 데이터에서 의미를 찾아내는 능력이 중요하다.
③ 기업은 빅데이터 분석을 통해 가치를 창출한다.

✦ **전자상거래 기업이 빅데이터를 활용하는 방식으로 적절한
것을 고르세요.**

① 과거 구매 내역을 분석해 판매가 예상되는 상품을 미리 물류센
터에 배치한다.
② 고객의 취향을 분석해 구매 예상 상품을 미리 장바구니에 담아
둔다.
③ 상품의 배송 위치 정보를 제공한다.

개념 짝짓기

유튜브 추천 알고리즘	● ●	디지털 시대에 들어서 폭증하고 있는 방대하고 다양한 데이터의 집합
빅데이터	● ●	유튜브 이용자의 시청 이력과 행동 데이터를 분석해 콘텐츠를 추천하는 시스템
빅데이터 프로세싱	● ●	방대하고 다양한 데이터에서 유용한 정보와 가치를 찾아내어 의사결정에 활용하는 기술

 # 꼬리를 무는 IT 상식

알 수 없는 알고리즘이 나를 이곳으로 이끌었다?

전 세계 유튜브 이용량의 70% 이상이 알고리즘(algorism)의 추천에 따른 것이라고 해요. 내가 좋아할 만한 영상을 골라주는 것도 고객이 주문할 제품을 예측하는 것도 알고리즘의 힘입니다.

알고리즘은 9세기에 활동한 페르시아의 수학자 알 콰리즈미(Al Kwarizmi)의 이름에서 유래한 용어입니다. 알 콰리즈미는 방정식과 같은 복잡한 문제를 푸는 방법을 체계적으로 정리했다고 해요. 시간이 흐르면서 그의 이름은 '문제 해결을 위한 절차나 방법'이라는 의미를 가진 용어로 변모했고, 오늘날에는 컴퓨터 공학이나 데이터 처리 분야의 핵심 개념으로 자리 잡았습니다.

생각 나누기

내게 필요한 빅데이터는 무엇이 있을까요? 그 데이터를 어떻게 활용해 보고 싶나요?

틱톡이 미국에서
금지된 까닭은?

데이터 주권과 웹3.0

틱톡(TikTok)은 짧은 영상을 찍어 사람들과 공유하는 소셜미디어예요. 그런데 전 세계적으로 인기를 끌고 있는 이 앱을 미국에선 이용할 수 없을지도 모릅니다. 이른바 '틱톡 금지법'이 2024년 미국 의회를 통과했기 때문이에요. 이 법이 본격적으로 시행되면 미국에서는 틱톡 서비스가 전면 중단됩니다. 새로 가입하는 것도, 앱 업데이트도 모두 막히는 거예요.

미국이 이 법을 만든 건 '데이터 주권' 때문입니다. 좀 낯선 단어죠? 주권에 대해선 여러분도 잘 알 거예요. 자기의 일을 스스로 결정할 수 있는 국가의 권리를 뜻하죠. 국가가 어떤 결정을 내릴 때 외국의 눈치를 보지 않고 주체적으로 처리하는 걸 가리켜 '주권을 행사한다'라고 말합니다.

데이터 주권은 한 나라에서 생산된 데이터는 해당 국가에서 처리하도록 하는 것을 의미해요. 미국 정부는 틱톡의 운영사인 바이트댄스(ByteDance)가 중국 기업이라는 점에 주목했습니다. 미국 이용자의 데이터가 중국 정부에 유출될 가능성을 우려한 거죠.

틱톡에 올라간 영상과 개인정보는 바이트댄스의 서버에 저장되고, 그 데이터를 중국 정부가 마음대로 이용할 수도 있다는 게 미국 정부의 주장이에요. 그에 따라 미국인의 데이터 주권을 보호하기 위해 틱톡 금지법이 필요하다는 논리입니다.

그런데 틱톡만 이러한 문제를 가지고 있는 것은 아니에요. 인스타그램, 유튜브, 페이스북과 같은 대부분의 소셜미디어가 비슷한 상황이랍니다. 이용자가 올리는 사진, 영상, 글은 온전히 이용자의 것이 아니라 해당 서비스를 만든 기업이 소유하고 관리해요. 또한 이들 기업은 서비스를 운영하며 수집된 각종 데이터로 수익을 거두고, 때로는 이용자의 허락 없이 이를 활용하기도 합니다. 다시 말해 틱톡의 사례는 기업의 국적과 얽혀 문제가 더 도드라졌을 뿐, 이용자들의 데이터 주권은 이미 일상적으로 침해되고 있다는 거예요.

이런 데이터 소유권 문제를 해결하는 방안이 바로 웹3.0(Web3.0) 기술입니다. 웹3.0은 데이터를 기업의 서버가 아닌 이용자가 직접 소유하고 관리하는 인터넷 환경을 의미해요. 예컨대 '블록체인'(112쪽 참고)이라는 강력한 보안 기술을 활용해 특정 기업이나 기관이 데이터를 독점할 수 없게 막는 겁니다. 소셜미디어를 운영하는 기업이 아니라 이용자가 자신의 데이터를 직접 관리할 수 있는 거죠.

웹3.0이 제대로 구현되기까지는 블록체인 기술의 발전, 안정적 네트워크 환경 조성 등 남은 과제가 만만찮습니다. 다행히 전문가들은 이런 문제 해결에는 그리 긴 시간이 들지 않을 거라고 전망해요. 이용자의 권리가 침해되지 않는 네트워크 환경, 웹3.0과 함께 데이터 주권을 되찾고 자유롭게 인터넷을 누빌 수 있는 그날을 기대해 봅니다.

✦ 웹1.0은 1990년대의 인터넷 환경을 가리킵니다. 정보의 생산자-소비자가 분리되어 이용자는 정보를 일방적으로 받아들이기만 하는 '읽기 전용 웹'이에요. 한편 2000년대부터 등장한 웹2.0은 이용자들이 쌍방향으로 소통하며 다양한 콘텐츠를 생산하고 소비하는 '읽기 및 쓰기 웹'입니다. 웹2.0을 통해 인터넷 세상은 훨씬 방대해졌고, 수많은 거대 IT 기업이 탄생했어요. 그러나 그런 인터넷 세상에 기여한 이용자들에게는 합당한 보상이 돌아가지 않았고, 본문에서 언급한 데이터 사유화 등의 문제도 불거졌죠. 이런 한계를 극복하기 위해 등장한 것이 웹3.0입니다.

다시 익히기

✦ **미국 정부가 '틱톡 금지법'을 제정한 이유로 적절한 것을 고르세요.**

① 이용자 데이터가 중국 정부에 유출될 수 있어서
② 막대한 이익을 거둔 틱톡의 운영사가 세금을 탈루해서
③ 틱톡을 통해 치명적인 컴퓨터 바이러스를 유포해서

✦ **웹3.0이 보안을 강화하는 방법으로 적절한 것을 고르세요.**

① 전문 보안 기관이 개인정보를 안전하게 관리한다.
② 블록체인 기술로 데이터를 한 기관이 독점하지 못하도록 한다.
③ 해킹의 위협이 감지되면 네트워크 연결을 차단해 피해를 방지한다.

✦ **다음 중 웹3.0에서 인공지능의 역할로 가장 적절한 것을 고르세요.**

① 이용자의 취향을 분석해 스스로 콘텐츠를 만들어 업로드한다.
② 이용자의 질문을 이해하고 더 정확한 정보를 추천한다.
③ 이용자가 검색할 정보를 예측해 미리 화면에 띄워준다.

# 개념 짝짓기

데이터 주권 ●　　　● 2024년 데이터 주권 침해를 이유로 미국 정부가 제정한 특정 소셜미디어 서비스 금지 법안

틱톡 금지법 ●　　　● 개인이나 국가가 자신의 데이터를 직접 소유하고 관리할 권리

웹3.0 ●　　　● 인공지능과 블록체인 기술이 결합한 인터넷 환경을 뜻하는 용어로, 인터넷 세계에서 이용자의 콘텐츠 소유권과 의사결정에 참여할 수 있는 권리를 중시함

꼬리를 무는 IT 상식

데이터 주권을 지키는 '디지털 서비스법'

유럽연합(EU)은 인터넷을 더 안전하고 책임 있는 공간으로 만들기 위해 2024년 디지털 서비스법(DSA)을 제정했습니다.

틱톡, 인스타그램과 같은 소셜미디어 서비스에 적용되는 이 법안은 기업이 이용자의 데이터를 마음대로 수집·활용하는 것을 제한해요. 또한 이 법에 따라 이들 기업에는 허위 사실이나 가짜뉴스 등을 예방하고 규제할 의무가 생깁니다. 현실 세계의 주권이 법으로 보장받듯, 디지털 서비스법은 인터넷 공간에서도 데이터 주권을 보호하기 위한 규칙이라고 할 수 있어요.

생각 나누기

사람이 죽으면 그가 만든 데이터는 어떻게 처리되어야 할까요?

0.1초 만에
도서관을 통째로?

6세대 이동통신

1990년대 중반, 휴대전화로 인터넷에 접속한다는 광고가 등장하자 사람들은 깜짝 놀랐습니다. 그때까지만 해도 휴대전화는 말 그대로 '들고 다니는 전화기'일 뿐이었거든요. 물론 초기의 무선 인터넷은 꽤나 답답했습니다. 이미지도 없이 글자만 가득한 페이지 하나를 여는 데 수십 초가 걸리는 느림보였죠.

휴대전화에 적용되는 '이동통신 기술'은 몇 개의 세대로 구분합니다. 2G, 3G, 4G, 5G라는 말을 들어본 적 있을 거예요.

이동통신 기술의 변화

숫자 뒤에 붙은 G가 세대(generation)를 의미하죠. 1G(1세대)는 통화만 가능했고, 2G는 문자메시지와 느린 인터넷을 이용할 수 있었습니다. 3G부터는 본격적인 속도 경쟁이 일어나 영상통화와 간단한 앱 설치가 가능한 수준으로 발전했죠. 현재도 사용되는 기술인 4G와 5G에 이르러서는 고화질·고사양의 영상과 모바일 게임을 즐길 수 있게 되었어요.

최신 이동통신 기술인 5G는 얼마나 빠를까요? 이론상으로 5G는 2G보다 10만 배 더 빠르다고 해요. 5기가바이트(GB)짜리 고화질 영화 한 편을 내려받는 데 4초면 충분하답니다.

한국인들이 5G 기술을 처음 실감한 것은 2018년 평창 동계올림픽 개막식을 수놓은 '드론 쇼'에서입니다. 깜깜한 밤하늘에 1218대의 드론이 군집 비행하며 초대형 오륜기를 형성하는 장관을 연출했죠. 이를 위해서는 고난도의 조종술뿐만 아니라 1218대의 드론을 하나의 통신망에 연결해 실시간으로 교신·제어하는 기술이 뒷받침되어야 해요. 5G는 그 역할을 완벽하게 해냈습니다.

그런데 이런 5G를 넘어 6G가 개발되고 있어요. 2030년경 실용화될 것으로 보이는 6G는 100기가비피에스(Gbps)에서 1테라비피에스(Tbps)의 속도로 데이터를 주고받을 수 있습니다.[+] 수십 기가바이트에 달하는 초고화질 영화나 도서관에 있는 수만 권의 책 전체를 단 0.1초 만에 내려받는 셈이에요.

6G의 시대엔 어떤 일이 가능할까요? 가상현실(VR)과 증강현실(AR)[++] 기술이 6G와 결합하면 지금처럼 손바닥만 한 스마트폰 화면으로 주고받는 영상통화가 아니라 실제와 똑같은 모습의 상대방과 마주앉아 대화를 나누게 될 겁니다.

환자도 먼 길을 오갈 필요 없이 원하는 의사에게 원격수술을 받을 수 있을 거예요. 완전한 자율주행 자동차의 시대도 열리겠죠. 도로 상황, 교통신호, 보행자의 스마트폰까지 모든 사

[+] bps(bits per second)는 1초 동안 송수신할 수 있는 비트의 수를 뜻해요. 참고로 8비트가 1바이트입니다.

[++] 가상현실은 실제와 유사한 환경과 상황을 컴퓨터로 구현하는 기술을 뜻해요. 증강현실은 현실에 가상의 사물이나 디지털 정보를 덧씌워 실제 세계와 가상 세계를 동시에 느낄 수 있게 하는 기술입니다.

물과 상황이 실시간으로 연결되어 운전자가 개입할 필요가 없기 때문입니다.

6G가 열어갈 새로운 세상에서 우리는 어떤 삶을 살게 될까요? 앞에서 이야기한 것들 말고도 아직은 꿈처럼 여기는 일들이 모두 평범한 일상이 될지도 모릅니다. 머지않아 말이죠.

 # 다시 익히기

✦ **2G 기술의 특징으로 적절한 것을 고르세요.**

① 전화통화만 가능하다.
② 문자메시지를 주고받을 수 있고 느리지만 인터넷 접속이 가능
하다.
③ 영상통화 기능과 실시간 위치 기반 앱을 사용할 수 있다.

✦ **5G 기술의 특징으로 보기 어려운 것을 고르세요.**

① 인공지능이나 자율주행과도 연계된 기술이다.
② 수백 대의 드론을 동시에 제어할 수 있다.
③ 영화 수십 편을 동시에 재생해도 무리가 없다.

✦ **6G 시대에 대한 전망으로 적절한 것을 고르세요.**

① 초고화질 영화 한 편을 1분 만에 다운로드한다.
② 외딴섬에서도 데이터를 실시간으로 주고받을 수 있다.
③ 병원에 없는 의사가 원격으로 수술을 진행할 수 있다.

개념 짝짓기

이동통신 기술	●	●	휴대전화 등 무선통신 기기에 적용되는 기술. 속도와 기능의 다양성에 따라 몇 개의 세대(G)로 구분함
가상현실	●	●	현실에 가상의 사물이나 디지털 정보를 덧씌워 만들어낸 인공 환경
증강현실	●	●	컴퓨터로 구현한 실제와 비슷한 환경

꼬리를 무는 IT 상식

완전한 자율주행 자동차에 왜 6G가 필요할까요?

자율주행 자동차의 컴퓨터는 도로를 달리면서 주변 차량의 흐름이나 보행자의 행동, 교통신호, 날씨 정보 등을 실시간으로 분석하고 결정을 내립니다. 그런데 이런 데이터는 너무 방대할 뿐만 아니라 매순간 변화하기 때문에 자신의 메모리에 저장할 수 없죠. 그래서 자율주행 자동차는 필요한 데이터를 클라우드에 저장하고 그때그때 불러오는 방식을 써요. 6G와 같은 초고속 통신 기술이 필요한 이유가 여기 있습니다.

생각 나누기

2030년으로 날아가 6G로 할 수 있는 일을 더 상상해 볼까요?

상어가
인터넷을 끊었다고?

서부·중앙 아프리카의 해저케이블 대란

2024년 3월 아프리카 대륙 서쪽의 코트디부아르 주민들은 인터넷에 접속할 수 없었습니다. 대서양 아래 깔린 해저케이블이 망가졌기 때문이죠. 코트디부아르뿐만 아니라 라이베리아, 기니 등 인근 여러 나라에서도 인터넷 접속에 어려움을 겪었어요.

우리는 스마트폰, 컴퓨터, 태블릿PC로 손쉽게 인터넷을 이용합니다. 그런데 전 세계의 수많은 IT 기기들이 어떻게 연결되어 있을까요? 대부분의 사람들은 완전한 무선통신을 생각

할 거예요. 하지만 실제로는 눈에 보이는 선으로 이어져 있답니다.

우리는 스마트폰의 터치 몇 번으로 바다 건너 다른 나라에 사는 사람과 영상통화를 할 수 있어요. 이 역시 대륙과 대륙을 연결해주는 선, 즉 케이블 덕분입니다. 영상통화를 시작하면 여러분의 모습과 목소리가 0과 1의 디지털 신호로 바뀝니다. 이렇게 바꾼 신호를 다른 대륙에 살고 있는 친구에게 보내게 되는데, 그 이동 통로가 바로 해저케이블이에요. 바닷속에 묻

힌 해저케이블을 통해 전 세계의 인터넷이 연결되는 셈이죠.

많은 사람들이 디지털 신호가 무선으로 하늘을 날아가거나 인공위성을 통해 다른 대륙으로 전달된다고 생각합니다. 하지만 이러한 방법으로 신호를 주고받는 데는 어려움이 많아요. 실제로 전 세계 인터넷 신호의 90%가 해저케이블로 이동한답니다. 인공위성이 중계하는 신호는 1%에 불과해요.

대개의 경우, 다른 대륙에서 출발한 디지털 신호는 해저케이블을 통해 각 국가의 특정 지역으로 연결됩니다. 한국이라면 부산·태안 등지로 들어온 뒤, 다시 지상의 케이블을 통해 우리들이 이용하는 IT 기기 근처까지 도달해요.

그렇기 때문에 해저케이블에 문제가 발생하면 인터넷이 먹통이 되곤 합니다. 실제로 2022년 남태평양의 섬나라 통가에서는 해저 화산이 폭발하는 바람에 해저케이블이 끊어졌죠. 통가 주민들은 통신이 복구되기까지 며칠간 인터넷 세계에서 고립되며 답답함을 겪어야 했습니다.

그런데 해저케이블 손상에 화산 활동이나 지진뿐만 아니라 상어도 한몫하고 있다는 사실이 밝혀져 화제를 모았어요. 많은 사례는 아니지만 망가진 해저케이블에서 상어의 이빨 자국이 발견되었고, 심지어 상어가 해저케이블을 물어뜯는 장면이 목격되기도 했죠. 그래서 인터넷이 먹통이 될 때마다 '상어가 케이블을 물어뜯었다'는 우스갯소리가 나오기도 합니다.

다시 익히기

✦ **세계 각국의 인터넷은 대부분 무엇으로 연결되어 있나요?**

    ① 바닷속에 매설된 해저케이블
    ② 인공위성
    ③ 방송국 송신소와 각 지역의 중계소

✦ **해저케이블 덕분에 할 수 있는 일로 적절한 것을 고르세요.**

    ① 전 세계와 연결된 인터넷을 통한 정보 교류
    ② 어떤 자연재해에도 끄떡없는 인터넷 연결
    ③ 해저 지진 발생을 예측

✦ **해저케이블이 손상되는 원인이 아닌 것을 고르세요.**

    ① 지구온난화로 인한 해수 온도 상승
    ② 해저 화산 폭발이나 지진
    ③ 상어의 공격

 개념 짝짓기

인터넷 ● ● 전 세계의 컴퓨터가 서로 연결되어 정보를 주고받을 수 있는 거대한 통신망

디지털 신호 ● ● 대륙과 대륙, 육지와 섬 등 바다를 사이에 둔 지역들의 인터넷 연결을 위해 바닷속에 설치한 케이블

해저케이블 ● ● 데이터를 0과 1로 표현한 전기 신호로, 컴퓨터나 디지털 기기의 정보처리와 전달에 사용

 생각 나누기

부산으로 들어오는 해저케이블이 손상되었다고 가정해 봅시다. 어떤 일이 일어나고 또 어떤 불편한 점이 있을까요?

- -

- -

- -

꼬리를 무는 IT 상식

'빛'을 전송하는 해저케이블

해저케이블은 머나먼 대륙까지 데이터를 전송하기 위해 빛을 이용합니다. 해저케이블의 정보 전달 과정은 세 단계로 나눌 수 있어요. 먼저 디지털 신호를 빛의 신호로 변환합니다. 우리가 인터넷을 통해 주고받는 데이터는 기본적으로 디지털, 즉 0과 1의 전기 신호로 구성되어 있죠. 해저케이블에서는 이 전기 신호가 빛의 신호(On과 Off)로 바뀝니다.

그다음, 해저케이블 내부의 광섬유를 따라 빛이 이동해요. 광섬유로 한번 들어온 빛은 빠져나가지 않고 계속 굴절(반사)되면서 목적지까지 나아갑니다. 이때 전송 속도는 20만km/s로, 지구 한 바퀴를 0.2초 만에 도는 수준이에요.

목적지에 도착하면 신호의 성질이 다시 바뀝니다. 빛의 신호가 디지털 신호로 변환된 다음 최종 수신자에게 도달하는 거죠.

사막에서도
인터넷이 터진다고?

스타링크가 바꾼 위성 통신의 세계

2022년 러시아가 우크라이나를 침공하며 시작된 전쟁은 몇 년째 계속되고 있어요. 하루 빨리 전쟁이 마무리돼서 사람들이 다시 평화롭게 살아가길 바랍니다. 그런데 전쟁이 끝나야 하는 것과 별개로 우크라이나가 강대국인 러시아에 쉽게 항복하지 않고 맞설 수 있는 비결은 무엇일까요? 물론 각국의 군사적 지원이 가장 중요하겠지만, 빼놓을 수 없는 것 중 하나는 우크라이나의 인터넷이 살아 있다는 점이에요.

전쟁 초기에 러시아는 우크라이나의 통신 시설부터 파괴

했습니다. 우크라이나 주민들은 혼란에 빠졌어요. 하루아침에 전화, 문자, 인터넷이 모두 끊긴다면 얼마나 답답하고 두려울까요. 그것도 전쟁이 터진 상황이라면 말이죠. 이때 우크라이나에 도움을 준 것이 바로 스타링크(Starlink)입니다.

스타링크는 우주개발 기업 스페이스X에서 운영하는 위성 통신 서비스예요. 해저와 땅속의 케이블을 이용한 지금까지의 인터넷과 달리 스타링크는 지구 궤도에 띄운 수많은 인공위성†으로 연결되어 있습니다. 이를 통해 전 세계 어디서든 인터넷에 접속할 수 있어요.

그런데 왜 굳이 인공위성일까요? 이해를 위해 우리가 사막한가운데에 있다고 상상해 봅시다. 아마 인터넷에 접속하기힘들 거예요. 대한민국과는 달리 사막에는 통신 케이블이나관련 시설이 드물기 때문입니다.

---

† 위성은 지구의 달과 같이 행성의 인력에 이끌려 그 둘레를 도는 천체를 가리켜요. 인공위성은 그런 위성처럼 행성 둘레를 돌며 각종 임무를 수행하는 인공 구조물을 뜻합니다.

그런데 마침 하늘 위로 스타링크 위성이 지나가고 있다면? 스타링크 서비스에 접속해 바로 인터넷을 쓸 수 있습니다. 우크라이나처럼 전쟁으로 통신 시설이 파괴된 곳이나 남극 오지의 사람들도 같은 방법으로 전 세계와 연결할 수 있어요. 스타링크는 지상 550킬로미터 높이에서 돌고 있기 때문에 지진이나 화산 폭발 등 자연재해에서도 안전하답니다.

그런 장점에도 불구하고 의문은 남아요. 인공위성은 지구와 멀리 떨어져 있는 만큼 통신 속도가 느린 데다가, 비용도 많이 든다는 점이죠. 스페이스X는 이 문제를 '저궤도 위성'으

로 해결했습니다. 스타링크를 기존 인공위성보다 작게 만들어 더 낮은 궤도에 쏘아 올리는 방식으로 통신 속도를 향상시키고 대당 생산 비용도 크게 줄인 거예요.

물론 저궤도 위성은 높이가 낮은 만큼 일반 인공위성에 견줘 통신 범위가 좁다는 약점이 있어요. 이에 대해 스페이스X는 2030년까지 총 4만2000대의 스타링크를 발사해 전 지구를 커버하는 초고속 인터넷 서비스를 제공한다는 방침을 세웠습니다.

그렇게나 많은 위성들이 하늘을 뒤덮을 때 생기는 문제는 없을까요? 천문학자들이 우주를 관찰하는 데 어려움이 생길 수 있을 거예요 이런 비판이 제기되자 새로 제작되는 스타링크 위성들은 빛의 반사를 줄이는 조치를 취했다고 해요.

또한 수명이 다한 스타링크가 지구 궤도를 뒤덮는 이른바 '우주 쓰레기' 문제도 거론됩니다. 이에 대해 스페이스X 측은 위성이 지구로 추락하는 과정에서 발생하는 열기에 자연스럽게 소멸되도록 설계했다고 해명했습니다.

다시 익히기

✦ **위성통신 서비스 스타링크의 특징이 아닌 것을 고르세요.**

    ① 세계 어디서든 인터넷을 사용할 수 있다.
    ② 자연재해가 발생해도 안전하게 인터넷을 연결함
    ③ 수명이 다하면 우주쓰레기가 되어 지구 궤도를 계속 떠돈다.

✦ **스페이스X가 수만 개의 스타링크를 쏘아 올리는 까닭을 고르세요.**

    ① 통신 범위가 좁은 저궤도 위성의 약점을 보완하기 위해
    ② 태양 에너지를 막아 지구온난화를 억제하기 위해
    ③ 지구의 쓰레기를 우주로 내보내기 위해

✦ **우주 쓰레기를 방지하기 위한 방안으로 적절한 것을 고르세요.**

    ① 수명이 다한 인공위성이 자연스럽게 연소·소멸되도록 설계
      한다.
    ② 정비팀을 보내 노후한 인공위성의 수명을 연장한다.
    ③ 지구로 회수해서 재활용한다.

개념 짝짓기

우주 쓰레기 ●   ● 지구와 같은 행성의 둘레를 돌며 임무를 수행하는 인공 구조물

스타링크 ●   ● 우주개발 기업 스페이스X의 위성 통신 서비스

인공위성 ●   ● 수명이 다한 인공위성의 잔해나 로켓의 파편 등 우주를 떠다니는 폐기물

생각 나누기

스타링크와 같은 위성통신은 어떤 상황에서 가장 요긴할까요?

꼬리를 무는 IT 상식

인공위성과 스마트폰의 통신 방식

스마트폰은 눈에 보이지 않는 전기장과 자기장의 파동, 즉 전파로 정보를 전송해요. 전파 덕분에 우리는 친구와 통화하고 인터넷을 이용할 수 있죠. 전파는 빠르게 진동하면서 이동하는데요. 이때 떨림의 수를 '주파수', 그 단위를 '헤르츠(Hz)'라고 합니다. 1Hz는 전파가 1초에 1번 진동한다는 뜻이에요.

무선 인터넷을 제공하는 와이파이 단말기엔 주파수가 기가헤르츠 단위로 표시되어 있어요. 가령 2.4기가헤르츠(GHz)라면 전파가 1초에 24억 번 떨린다는 뜻이죠. 주파수가 클수록 통신 속도도 올라간다고 해요.

한편 스타링크와 같은 인공위성끼리는 빛을 증폭한 레이저를 활용합니다. 왜 스마트폰과 인공위성은 정보를 주고받는 방식이 다를까요? 전파와 레이저의 특징 때문이에요. 전파는 상대적으로 느리지만 넓은 지역에 정보를 전송할 수 있어요. 반면 레이저는 빠르고 정확합니다. 범위는 좁지만 빛의 속도로 정보를 보낼 수 있기 때문이죠.

0

3

프로그래밍

인간과
컴퓨터의 대화

몸이 불편한 이들을 위한 커넥팅

뇌와 컴퓨터를 연결하는 BCI

한 남성이 입에 문 스마트펜으로 화면을 터치하며 글자를 하나씩 입력합니다. 다른 사람은 몇 초 만에 보낼 짧은 문장을 그는 한참 걸려서 겨우겨우 완성해요. 몇 해 전 다이빙 사고로 몸을 움직일 수 없기 때문이에요. 얼마나 답답할까요. 평생 이렇게 살 수는 없다고 생각한 그는 인생 최대의 모험을 결심합니다. 자기 뇌에 컴퓨터 칩을 심기로 한 거예요.

2024년 인류 최초로 뇌에 칩을 이식한 놀런드 아르보 씨의 이야기입니다. 그전까지 그는 혼자서 문자메시지 한 통 보내기도 힘든 처지였죠. 하지만 이제는 생각만으로 문장을 작성하고 체스는 물론 컴퓨터 게임도 신나게 할 수 있습니다. 꿈속에서나 가능했던 일이 어떻게 현실이 되었을까요?

이 칩의 명칭은 '텔레파시(Telepathy)'입니다. 미국의 뇌신경과학 기업 뉴럴링크(Neuralink)가 개발했어요. 사전에 따르면 텔레파시는 멀리 떨어진 사람들의 생각이나 말이 서로 통하는 현상을 가리킵니다. 마치 보이지 않는 선으로 연결된 것처럼 말이죠. 말 그대로의 텔레파시는 존재하지 않는다는 과학적 평가와 별개로, 사람의 생각을 전기 신호로 주고받는다는 아이디어는 꾸준히 실험되어 왔습니다. 그리고 뉴럴링크는 이를 어느 정도 현실화하는 데 성공했어요.

동전 크기로 뇌에 이식된 텔레파시 칩은 신경세포(뉴런)의 전기 신호를 명령어로 바꿔 컴퓨터로 보내고, 컴퓨터는 해당 명령을 실행합니다. 예를 들어 아르보 씨가 떠올린 '마우스 클릭'이라는 생각이 텔레파시 칩을 통해 컴퓨터에 전달되면, 실제로 커서가 움직여 클릭이 이뤄지는 식이죠. 말 그대로 사람의 생각만으로 컴퓨터가 작동하는 거예요.

앞이 보이지 않는 사람들을 위한 장치도 있습니다. '블라인드사이트(Blindsight)'라는 칩은 눈앞의 광경을 사진 찍듯이 담아서 뇌가 이해할 수 있는 신호로 바꿔줘요. 즉 눈 대신 뇌에 직접 시각정보를 전달함으로써 현대 의학으로는 회복이 힘든 시각장애인이나 저시력자도 세상을 볼 수 있도록 돕습니다.

BCI 장치를 이용해 체스를 두는 아르보 씨

이렇게 사람의 뇌와 컴퓨터를 연결하는 기술을 '뇌-컴퓨터 인터페이스(BCI, Brain-Computer Interface)'라고 부릅니다. BCI는 아직은 간단한 명령과 조작만 가능한 단계지만, 점차 사람의 뇌와 컴퓨터가 한 몸처럼 결합되는 수준으로 발전하고 있어요.

한편, 사람의 뇌와 인공지능을 연결하는 연구도 활발해요. 이 경우엔 인공지능이 가진 방대한 정보와 정확한 분석 결과를 바로바로 이용할 수 있을 거예요. 머릿속에서 인터넷 검색을 할 수도 있고, 한번 공부한 지식을 잊지 않고 저장해두기도 쉬울 겁니다.

물론 넘어야 할 산도 많습니다. 뇌-컴퓨터 연결이든 뇌-인공지능 연결이든 가장 먼저 제기되는 문제는 개인정보 유출입니다. 내가 무슨 생각을 하고 있는지, 어떤 감정을 느끼는지 등의 정보가 밖으로 드러나거나 수집되는 걸 바라는 사람은 없을 테니까요.

뇌 속에 심은 장치의 안전성도 더 연구해야 해요. 이식 후에 거부반응이 생기진 않는지, 반대로 칩을 제거한 뒤에 부작용은 없는지 말이죠. 아르보 씨도 이식 초기에 칩의 미세한 부속이 제자리에서 이탈하면서 기능 장애를 겪기도 했어요. 다행히 조기에 발견해 바로잡았지만 안전성은 아무리 강조해도 지나치지 않습니다.

인간과 컴퓨터, 나아가 인간과 인공지능의 연결이 우리의 삶에 가져올 결과를 판단하긴 아직 일러요. 확실한 것은 이미 연결을 감행한 사람이 등장했다는 거죠. 하루가 다르게 발전할 BCI 기술을 여러분은 어떻게 받아들이나요?

다시 익히기

✦ **BCI 기술로 만든 텔레파시 칩의 기능으로 옳은 것을 고르세요.**

　① 칩을 이식받은 사람의 생각대로 컴퓨터를 조작할 수 있다.
　② 무거운 물건을 쉽게 드는 등 완력이 증대된다.
　③ 기억력이 향상된다.

✦ **사람의 뇌와 인공지능을 연결할 때 기대할 수 있는 기능은 무엇일까요?**

　① 사람의 감정이 사라진다.
　② 나의 생각을 다른 사람이 마음대로 읽을 수 있다.
　③ 인공지능이 가진 정보를 사람의 뇌로 바로 전송할 수 있다.

✦ **BCI 기술을 이용해 뇌에 칩을 이식할 때 우려되는 부작용이 아닌 것을 고르세요.**

　① 칩을 이물질로 인식한 신체의 면역 거부반응
　② 칩이 뇌의 다른 부위를 침범하거나 제거 수술시 신체 조직이 손상될 가능성
　③ 이식 후 지능이 감소할 가능성

개념 짝짓기

뇌-컴퓨터
인터페이스
(BCI)   ●   ● 뉴런이라고도 하며, 인체 내부에서 전기
                            신호를 주고받으며 생각과 감정, 동작 명령
                            등을 전달하는 세포

신경세포   ●   ● 뇌와 컴퓨터를 연결해서 이용자의
                            생각만으로 컴퓨터를 제어할 수 있는 기술

뉴럴링크   ●   ● 텔레파시와 블라인드사이트 등 BIC 기술이
                            적용된 제품을 연구·개발하는 기업

 # 꼬리를 무는 IT 상식

BCI의 미래

뇌와 컴퓨터를 연결하는 BCI 기술이 발전하면 또 어떤 변화가 일어날까요? 우선 굳이 말하지 않아도 내 생각이나 감정을 상대에게 그대로 전달할 수 있습니다. 긴 이야기를 늘어놓을 필요 없이 서로의 뇌에 부착한 칩으로 통신하면 될 테니까요.

또한 전문적인 교육을 받지 않은 사람이라도 로봇이나 드론 같은 기기를 자유자재로 조작할 수 있게 될 거예요. 반대로 컴퓨터가 뇌로 신호를 전할 수도 있겠죠. 그럴 경우엔 게임이나 영화 속 가상세계에 들어가 보고 듣고 만지고 맛보는 실감 나는 체험이 가능할 거예요.

생각 나누기

BCI 기술을 활용할 만한 분야로는 또 어떤 것들이 있을까요?

고성능 AI를
공짜로 준다고요?

딥시크가 뒤흔든 오픈소스의 세계

2024년 인공지능 프로그램 딥시크(DeepSeek)는 등장과 함께 큰 화제를 모았어요. 미디어는 특히 그간 이 분야를 주도해온 챗GPT와 비슷한 성능을 훨씬 적은 비용으로 구현했다는 사실을 앞다퉈 보도했는데요. 그런데 딥시크가 인공지능 분야에서 차지하는 의미는 단순히 가성비가 좋다는 데 그치지 않습니다.

무엇보다 중요한 것은 프로그램의 설계도라고 할 수 있는 '소스 코드'와 그간 인공지능이 학습한 정보를 모두 공개했다는 데 있어요. 소스 코드는 프로그램을 만들 때 설계도나 설명서와 비슷한 역할을 합니다. 이것만 있으면 누구든지 똑같은 프로그램을 만들거나 원하는 대로 수정하는 게 가능해요. 쉽게 말해 소스 코드를 공개함으로써 누구나 딥시크를 자유롭게 사용하고 수정할 수 있게 된 거죠. 실제로 딥시크를 활용한 프로그램이 다양하게 등장하고 있어요.

딥시크가 주목받으면서 기존의 인공지능 업계에도 변화의 바람이 불고 있습니다. 오픈AI(OpenAI)가 개발한 챗GPT는 딥시크와 달리 소스 코드를 비공개한 폐쇄형 모델입니다. 유료 구독자에게만 최신 버전을 배포하며 막대한 수익을 거두어 왔죠. 그러나 딥시크 열풍에 챗GPT의 인기가 주춤하자, 2025년 오픈AI도 소스 코드를 공개한 새로운 인공지능 모델을 출시하게 됩니다.

챗GPT-딥시크와 같은 경쟁 구도는 과거에도 존재했습니다. 운영체제, 즉 컴퓨터를 누구나 손쉽게 사용할 수 있게 도와주는 프로그램인 윈도우와 리눅스의 관계가 대표적이죠. 윈도우는 챗GPT처럼 소스 코드를 공개하지 않았어요. 이런

오픈 소스   클로즈드 소스

프로그램을 '클로즈드 소스(Closed Source)'라고 합니다. '닫혀
있다'는 뜻으로, 요금을 지불해야만 사용할 수 있어요.

반면에 리눅스는 딥시크처럼 소스 코드를 공개했습니다.
이런 프로그램을 가리켜 '오픈 소스(Open Source)'라고 합니
다. 모두에게 '열려 있다'는 의미예요. 따라서 누구나 무료로
사용하고 원하는 대로 프로그램을 손볼 수도 있습니다.

그런데 왜 딥시크나 리눅스처럼 힘들게 만든 프로그램을 오픈 소스로 내놓은 걸까요? 이유는 간단해요. 소스 코드를 공개하면 전 세계의 개발자들이 해당 프로그램의 발전에 동참하기 때문입니다. 이를 통해 오류를 찾거나 고칠 수 있고, 다양한 기능이 추가되기도 해요. 더 나은 프로그램이 되는 거죠.

물론 이런 오픈 소스도 저작권법✦의 보호를 받습니다. 오픈 소스를 사용해서 프로그램을 만들었다면 반드시 저작권의 소유자를 표기해야 해요. 때로는 내가 만든 프로그램의 소스 코드를 공개해야 하는 경우도 있죠. 이러한 조건을 지키지 않는다면 법적인 처벌을 받게 됩니다.

✦ 창작물을 만든 사람이나 기업의 권리를 보장하는 법이에요.

 다시 익히기

✦ **딥시크와 챗GPT의 가장 큰 차이점을 고르세요.**

　① 소스 코드의 공개 여부
　② 인공지능이 학습한 정보의 양
　③ 필요한 정보를 얻기 위해 인공지능과 대화하는 방식

✦ **프로그램을 오픈 소스로 내놓는 이유를 고르세요.**

　① 기술 유출을 막기 위해
　② 수익을 극대화하기 위해
　③ 다른 개발자들과 함께 오류를 수정하고 기능을 향상시키기
　　위해

✦ **오픈 소스를 이용할 때 주의해야 할 점을 고르세요.**

　① 컴퓨터 성능이 저하될 수 있다.
　② 프로그램을 사용할 때마다 저작권자에게 기부금을 내야 한다.
　③ 오픈 소스에도 저작권법이 적용되므로 이용 조건을 준수해야
　　한다.

개념 짝짓기

소스 코드 ● ● 컴퓨터가 이해할 수 있는 언어로 작성된
프로그램의 설계도

오픈 소스 ● ● 소스 코드를 공개하지 않은 컴퓨터
프로그램

클로즈드 ● ● 소스 코드를 자유롭게 사용하거나 바꿀 수
소스 있도록 공개한 컴퓨터 프로그램

 생각 나누기

여러분이 프로그램을 개발한다면 오픈 소스와 클로즈드 소스 중에
무엇을 선택할 건가요? 그 이유는 무엇인가요?

꼬리를 무는 IT 상식

오픈 소스는 어떻게 만들어졌을까요?

컴퓨터가 처음 등장할 무렵만 해도 프로그램의 소스 코드를 서로 공유하고 자유롭게 활용하는 분위기였어요. 당시 사람들은 컴퓨터 프로그램을 공동의 재산으로 여겼고, 따라서 함께 나누는 걸 당연하게 생각했죠.

하지만 1970년대 들어 IBM이나 마이크로소프트 등의 IT 기업들은 소스 코드를 감춘 채 프로그램을 판매하며 큰 수익을 거두기 시작했습니다. 이에 미국의 프로그래머 리처드 스톨먼(Richard Stallman)은 클로즈드 소스가 사람들의 자유를 빼앗는 정책이라고 주장했어요. 그는 누구나 자유롭게 소스 코드에 접근하고 이용할 것을 요구하는 '자유 소프트웨어 운동'(영어로는 'Copyleft', 저작권자의 권리를 뜻하는 'Copyright'에 반대한다는 의미예요)을 시작했죠.

자유 소프트웨어 운동은 1990년대에 등장한 '오픈 소스 운동'의 발판이 되었습니다. 오픈 소스 프로그램이 사람들에게 인기를 얻고 성공하는 사례가 등장하면서 거대 IT 기업에서도 소스 코드를 공개하기 시작했어요.

컴퓨터로
금을 캔다고?

비트코인과 디지털 화폐의 세계

어느 날 갑자기 큰돈이 생긴다면 어디에 보관해야 할까요? 대부분 은행부터 떠올릴 거예요. 아무래도 집에 두는 것보다는 은행에 맡기는 편이 훨씬 안전할 테니까요. 그런데 내 돈을 맡아둔 은행이 하루아침에 문을 닫아 버리면 어떻게 될까요?

2008년, 갚을 능력이 없는 사람들에게 돈을 빌려주거나 위험한 상품에 무분별하게 투자한 전 세계의 은행들이 하나둘 망하기 시작했습니다. 은행에 맡겨둔 돈을 돌려받지 못하는 사람이 쏟아졌고, 사업 자금을 구하지 못한 기업도 어려움을 겪었죠. 이걸 '세계 금융 위기'라고 해요. 이 사건 이후 사람들은 은행을 믿지 못하게 되었어요. 그리고 이런 흐름에서 탄생한 새로운 화폐가 바로 비트코인(Bitcoin)입니다.

우리가 쓰는 지폐와 동전은 정부나 한국은행 같은 각국의 중앙은행이 발행하고 가치를 보증해요. 반면 비트코인은 그런 관리자가 따로 없는 디지털 화폐죠. 비트코인을 만든 건 사토시 나카모토(Satoshi Nakamoto)라는 정체불명의 인물입니다. 그는 은행 없이도 안전하게 비트코인을 주고받을 수 있는 시스템을 만들고 싶었어요. 어떻게 가능할까요? 해답은 바로 '블록체인(blockchain)' 기술에 있습니다.

블록체인은 간단히 말해 분산형 데이터 저장 기술이에요. 데이터를 주고받은 모든 기록이 블록이라는 공간에 저장되고, 이 블록들이 체인처럼 연결된다고 해서 붙은 이름이에요. 블록체인은 수많은 컴퓨터에 나눠서 복제·저장되는 구조로 누구나 들여다볼 수 있지만, 누구도 조작할 수 없습니다. 이 기술을 활용한 비트코인 거래가 투명하고 안전하다고 평가받는 이유죠.

블록체인은 비트코인 거래에서 장부 역할을 합니다. 앞서 설명했듯 이 장부는 하나가 아니라 수없이 분산·저장되어 있고, 모든 참여자가 공동으로 관리하기에 위조나 변조가 어려워요.

비트코인은 거래소에서 살 수도 있지만, 그 전에 새로운 블록이 만들어지는 과정에서 얻을 수 있습니다. 블록이 새로 추가되려면 거래 기록을 검증하고 기록해야 해요. 이 일은 복잡

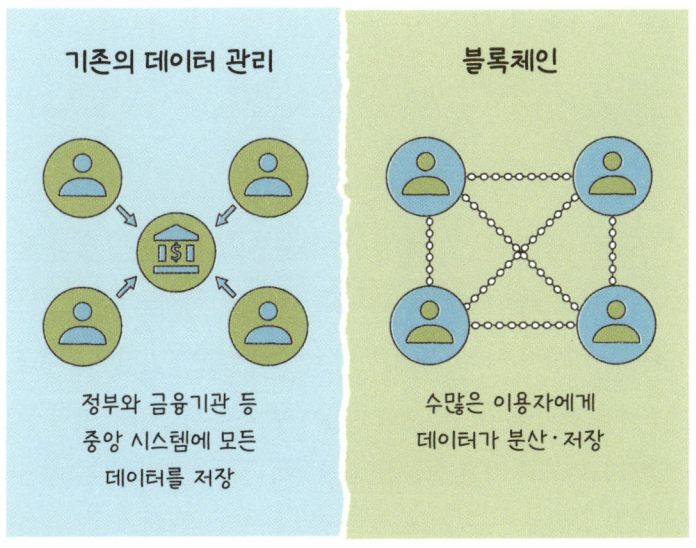

기존의 데이터 관리

블록체인

정부와 금융기관 등
중앙 시스템에 모든
데이터를 저장

수많은 이용자에게
데이터가 분산·저장

한 수학문제를 푸는 것과 같아서, 고성능 컴퓨터를 이용해 답을 찾아낸 사람에게 비트코인으로 보상합니다. 이런 과정이 금을 캐는 것과 비슷하다고 해서 '채굴'이라고도 표현해요. 앞서 엔비디아 편에서 소개한 에피소드를 기억하나요? 비트코인 열풍이 불면서 GPU가 동났다는 이야기 말이에요. 바로 이 채굴 작업에 GPU가 쓰인 거예요.

그렇다면 사람들이 비트코인에 열광하는 이유는 무엇일까요? 은행 없이도 거래할 수 있고 위조가 어렵다는 점, 거래 비용이 저렴하다는 점 등이 거론되지만 가장 큰 이유는 희소성입니다. 금의 매장량이 한정되어 있듯 비트코인의 발행량도 2100만 개로 정해져 있습니다.

2025년 현재까지 총 발행량의 90%가 넘는 비트코인이 채굴되었다고 해요. 따라서 시간이 지날수록 가치가 오를 것이라는 기대감이 크죠. 실제로 최초의 비트코인 가격은 1개당 3.6원에 불과했지만, 현재는 개당 1억 원을 넘는 수준까지 상승했어요. 물론 가격 변동성이 굉장히 크다는 점은 문제로 지적되고 있어요.

비트코인은 기존 금융 시스템의 한계를 넘어 전 세계 누구나 안전하고 자유롭게 활용할 수 있는 화폐로 주목받고 있습니다. 여러분은 '디지털 시대의 금'이라 불리는 비트코인의 미래를 어떻게 전망하나요?

다시 익히기

✦ **비트코인의 탄생 배경에 대한 설명으로 적절한 것을 고르세요.**

① 현금을 들고 다니거나 사용하기 점점 불편해져서
② 해외여행객 증가로 환전하지 않아도 되는 화폐가 필요해서
③ 세계 금융 위기 이후 사람들이 기존의 기존 금융 시스템을 불신 해서

✦ **비트코인의 특징이 아닌 것을 고르세요.**

① 정부나 중앙은행이 발행하고 관리한다.
② 블록체인 기술을 이용해 거래 내용을 안전하게 기록한다.
③ 거래 수수료가 낮고 위조가 어렵다.

✦ **비트코인을 '디지털 금'이라고 부르는 이유를 고르세요.**

① 실제로 황금빛을 띠고 있어서
② 금처럼 전자·우주 산업의 재료로 사용될 수 있어서
③ 발행량이 정해져 있는 등 희소성을 가져서

 ## 개념 짝짓기

블록체인 ● ● 2008년 은행 등 금융기관의 부실 운영에서
비롯된 전 세계적 경제위기

세계 금융 ● ● 거래 정보 등을 안전하게 기록하고
위기 관리하는 분산형 데이터 저장 기술

비트코인 ● ● 블록체인 기술을 기반으로 탄생한 대표적
디지털 화폐

 ## 생각 나누기

여러분은 비트코인 등 디지털 화폐의 미래를 어떻게 전망하나요?

꼬리를 무는 IT 상식

장난에서 시작된 수십조 원의 암호화폐, 도지코인

비트코인처럼 블록체인 기술이 적용된 디지털 화폐를 암호화폐라고도 합니다. 귀여운 강아지 얼굴로 잘 알려진 도지코인(Dogecoin)은 2013년 두 명의 개발자가 장난삼아 만든 암호화폐예요. 비트코인이 은행의 통제를 받지 않는 자유로운 돈거래를 위해 만들어진 것과 달리, 도지코인은 암호화폐가 돈벌이 수단으로 변질된 현실을 풍자하기 위해 탄생했죠. 상징 이미지와 '도지'라는 이름 역시 당시 인터넷에서 유행한 '시베 도지'라는 강아지에게서 따온 것이었어요.

그렇게 사람들이 웃고 넘기던 이 암호화폐는 전기차 기업 테슬라의 설립자인 일론 머스크가 관심을 보이면서부터 가치가 급등하기 시작했습니다. 사실 도지코인은 발행량이 무한대라 비트코인처럼 희소성을 가지지 않아요. 그럼에도 불구하고 사람들의 주목과 유행만으로 수십조 원의 시가총액을 기록하게 되었죠. 장난에서 시작해 어마어마한 가치를 지니게 된 도지코인 현상은 오늘날 '경제적 가치'의 의미에 대해 적잖은 생각거리를 던져줍니다.

자기 작품을 불태우며 웃음 짓는 화가

NFT와 디지털 예술

영국의 한 미술관. 화가가 자신의 그림 4851점을 불태웁니다. 한 점당 무려 200만 원이 넘는 그림들이라고 해요! 그런데도 화가는 자기 작품이 타오르는 광경을 느긋하게 지켜봅니다. 옅은 미소까지 띠면서 말이죠. 대체 왜 이러는 걸까요? 화가의 이름은 데이미언 허스트(Damien Hirst)입니다. 그가 공들여 완성한 작품을 아쉬움 없이, 심지어 즐거운 표정으로 불사를 수 있는 것은 실제로 그 그림들이 필요 없기 때문이에요.

그림들을 불구덩이에 던져 넣기 전, 허스트는 모든 작품을 카메라로 촬영한 뒤 이미지 파일로 저장했습니다. 그리고 거기에 특별한 표시를 새겼어요. 각각의 이미지가 세상에 단 하나뿐인 예술품의 원본임을 증명하는 표식이죠. 이게 무슨 뜻일까요? 현실 세계에선 그림이 사라지더라도 디지털 세계에선 그 작품이 그대로 존재한다는 의미예요.

얼마 전까지만 해도 사람들은 컴퓨터에 저장된 이미지에 '원본' 또는 '진본'이라는 가치를 부여하지 않았어요. 똑같은 이미지를 100장이든 1000장이든 복사할 수 있으니까요. 그래서 누가 얼마나 정성을 들여 만들었든 한번 인터넷에 올라온 이미지는 주인 없는 것으로 취급되며 아무나 가져다 쓰는 문화가 만연하기도 했습니다.

하지만 이제는 달라요. 컴퓨터에 저장된 이미지의 원본이 무엇이고, 소유권은 누구에게 있는지 알 수 있습니다. 이걸 가능하게 하는 게 블록체인 기술과 'NFT'예요. 앞서 소개했듯 블록체인은 정보를 고리처럼 연결해 여러 곳에 나눠 저장하는 기술입니다. 누군가 정보를 조작하려면 다른 사람들이 갖고 있는 정보도 함께 바꿔야 해요. 그러나 수많은 곳에 나눠 저장된 정보를 몰래 바꾸는 것은 불가능에 가깝죠.

NFT(Non-Fungible Token)는 '대체 불가능한 토큰'이라는 뜻으로, 블록체인에 저장된 특정한 정보를 의미해요. '대체 불가능'하다는 건 다른 것으로 대신할 수 없고, 하나뿐인 원본이란 의미입니다. '토큰'은 어떤 거래나 약속의 증표를 뜻하는 단어예요. 여기서는 누구의 소유인지 확인하는 인증서를 가리킵니다.

NFT는 그림, 영상, 노래와 같은 디지털 파일의 고유 주소를 블록체인에 기록합니다. 이를 통해 해당 파일의 원본 여부와 소유권을 증명하는 거죠. 여러분도 유명한 예술품이나 문화유산의 진위와 소유권을 두고 벌어진 다툼을 꽤나 들어봤을 거예요. NFT 기술이 적용된 디지털 작품이라면 그런 걱정을 할 필요가 없습니다.

그나저나 손으로 만질 수도 없는 디지털 작품을 실제로 구매하는 사람이 있을까요? NFT 시장 초기에 등장한 〈크립토펑크(CryptoPunks)〉는 1만 개의 서로 다른 캐릭터로 구성된 상품입니다. 이 가운덴 무려 300억 원에 거래된 작품도 있어요. 미국의 래퍼 제이지(JAY-Z)는 자신과 닮은 〈크립토펑크 #6095〉를 구매해 소셜미디어의 프로필 사진으로 쓰기도 했답니다.

지금까지 거래된 NFT 그림 중 가장 고가에 거래된 것은 디지털 예술가 비플(Beeple)이 그린 〈나날들: 첫 5000일〉입니다. 무려 900억 원이 넘는 가격에 팔렸다고 해요. 이렇게 NFT의 상품성이 확인되자 많은 사람들이 NFT 시장에 참여하기 시작했어요. NFT 그림을 전문적으로 취급하는 기업도 등장하고 있습니다.

머나먼 과거에 동굴 벽화에서 시작된 예술은 캔버스나 대리석 조각을 넘어 이제 디지털 공간으로까지 확장되고 있어요. 물론 여전히 실체가 없는 작품은 진짜 예술이 아니라며 폄훼하는 시각도 만만치 않습니다. 과연 NFT가 이런 고정관념을 깨고 새로운 예술의 시대를 가져올 수 있을까요?

 # 다시 익히기

✦ **NFT 작품의 소유권을 증명할 수 있는 이유를 고르세요.**

　① 블록체인에 등록하고 관리해서
　② NFT 기업이 작품 소유 증명서를 발급해서
　③ 작가가 친필 서명을 남겨서

✦ **블록체인 기술의 가장 큰 특징을 고르세요.**

　① 정보가 한곳에 보관되지 않고 무수히 많은 곳에 분산되어 저장
　② 보안성이 뛰어난 고성능 컴퓨터에 정보를 저장
　③ 정보를 압축·관리해서 빠른 전송이 가능

✦ **NFT 그림이 가치를 인정받는 까닭을 고르세요.**

　① 단 하나의 진품이 존재하고 소유권을 보증하기 때문에
　② 컴퓨터 파일로 제작되어 전송이 쉽기 때문에
　③ 똑같은 작품을 무한대로 복제할 수 있기 때문

개념 짝짓기

NFT ● ● 1만 개의 캐릭터 이미지로 구성된 NFT
          시장의 선구자격 작품

블록체인 ● ● 정보를 분산 저장해서 위변조를 막는
            데이터 관리 기술

〈크립토 ● ● 블록체인 기술을 활용한 디지털 토큰.
펑크〉   각각에 고유값이 부여되어 대체가
            불가능하며 소유권을 증명할 수 있음

생각 나누기

NFT에 담긴 작품을 진정한 예술로 인정할 수 있을까요?

꼬리를 무는 IT 상식

가상공간, 패션, 스포츠 분야에 부는 NFT 바람

'어스2'라는 웹사이트에서는 특별한 땅을 판매합니다. 지구의 모습을 그대로 구현한 가상 세계의 땅을 사고파는 거죠. 땅을 사면 NFT를 발급해 소유권을 증명하는 방식입니다. 전 세계 사람들이 인터넷 세계의 땅을 사들이고 있어요. 서울역이 자리한 부지는 한국, 스웨덴, 스위스 사람들이 나눠서 소유하고 있답니다.

패션 기업도 NFT를 활용합니다. 돌체앤가바나(D&G), 구찌(GUCCI), 지방시(Givenchy) 등 이른바 명품 브랜드들은 각자의 특색을 담은 NFT 작품을 출시했어요. 돌체앤가바나가 내놓은 9개 NFT 작품의 판매액은 80억 원이 넘는다고 해요.

스포츠 분야에서는 유명 선수들의 활약상과 경력을 시각적으로 구현한 NFT가 유행했어요. 미국 프로 농구(NBA) 스타 르브론 제임스의 덩크슛 장면이 담긴 NFT 영상, 축구 선수 크리스티아누 호날두의 모습이 담긴 NFT 사진은 각각 수억 원대에 판매되며 화제를 모았답니다.

인공지능, 편리한 도구에서 믿음직한 동료로

AI 비서의 출현

"저는 하루 종일 일할 수 있어요. 출퇴근도 없이, 시키는 일은 뭐든지 말이죠. 월급이요? 20달러(약 2만7000원)면 충분해요."

이런 직원이 존재한다면 모든 기업에서 당장 채용하겠다고 나서지 않을까요? 물론 이건 사람이 아닌 AI 비서에 관한 이야기입니다. 최근 마이크로소프트는 코파일럿(Copilot)이라는 인공지능 프로그램을 개발했어요. 문서 작성부터 데이터 분석, 이메일 정리, 프로그램 개발에 필요한 코드 작성까지 지원한답니다. 코파일럿을 이용해 본 사람들은 AI 비서가 일하는 방식을 획기적으로 바꿔 놓을 거라고 이야기합니다.

예전에는 보고서 한 장을 작성하는 데도 많은 공을 들여야 했습니다. 자료를 찾고, 내용을 정리하고, 문장을 다듬고, 그 래프를 추가하는 일 하나하나에 적잖은 노력과 시간이 필요 했죠.

이제는 달라요. "이 데이터를 참고해서 보고서를 작성해 줘"라는 한 줄짜리 명령이면 단 몇 분 만에 보고서를 완성할 수 있습니다. AI 비서가 관련 정보를 분석해 논리를 구성하고, 그에 맞춰 매끄러운 문장과 시각 자료까지 첨부해 척척 작성 해 준 덕분이죠. 사람은 그렇게 생성된 보고서를 검토하고 다 듬기만 하면 됩니다.

데이터 분석 역시 마찬가지예요. 여러분도 마이크로소프 트에서 나온 엑셀(Excel)을 이용해 봤을 거예요. 데이터 분석 이나 계산, 그래프 작성 등 다양한 작업을 도와주는 프로그램 이죠. 굉장히 편리하지만 복잡한 숫자를 직접 입력하고 틀린 곳은 없는지 일일이 확인해야 했죠. 이젠 그럴 필요가 없어요.

코파일럿처럼 엑셀 프로그램을 탑재한 AI 비서가 알아서 입력하고 분석해 줍니다. 복잡한 계산식이 등장해도 걱정 없어요. 내가 이해할 수 있는 쉬운 문장으로 풀어서 설명해줄 테니까 말이죠.

프로그램 개발 방식도 바뀌고 있습니다. 수많은 코드를 일일이 개발자의 손으로 반복해 입력하고, 사소한 오류를 해결하기 위해 몇 시간씩 매달리는 건 이제 옛이야기입니다. AI 비서에게 "이런 기능을 만들어 줘" "이 코드에서 발생한 오류를 해결해 줘"와 같은 지시만 내리면 충분하니까요. 그 덕분에 개발자들은 새로운 아이디어를 떠올리거나 프로그램의 전체 흐름과 구조를 설계하는 일에 더 많은 시간을 투자할 수 있게 되었죠.

코파일럿과 같은 AI 비서는 도구를 넘어 믿음직한 동료로 자리 잡고 있습니다. 물론 편리함만을 추구하다 보면 어느새 인공지능이 비서 역할을 넘어 우리의 일자리까지 빼앗을지도 모르죠. 그래서 AI 비서와는 다른 능력을 키우는 게 중요합니다. 사람만이 떠올릴 수 있는 창의적인 관점과 생각 같은 것들 말이에요. 아마도 여러분 세대에서 본격적으로 맞이할 사람과 AI가 함께 일하는 시대, 사람은 과연 어떤 역할을 하게 될까요?

다시 익히기

✦ 코파일럿 등 AI 비서가 등장하면서 일어난 변화로 알맞은 것을 고르세요.

   ① AI 비서가 작성한 결과물은 따로 검토할 필요가 없다.
   ② 단순한 반복 작업은 AI 비서에게 맡기고, 사람은 창의성을 요구하는 부분에 더 집중할 수 있게 되었다.
   ③ AI 비서를 제대로 활용하기 위해 복잡한 코드와 계산식을 이해하는 능력이 요구되고 있다.

✦ 코파일럿과 결합한 마이크로소프트 엑셀 프로그램에 대한 설명으로 적절한 것을 고르세요.

   ① 데이터를 정확히 입력하고 분석하는 데 도움을 준다.
   ② 오류 확인과 수정은 사람의 몫이다.
   ③ 엑셀은 누구나 쉽게 다룰 수 있기 때문에 코파일럿의 도움은 굳이 필요 없다.

✦ 프로그램 개발 업무에서 AI 비서의 역할로 적절하지 않은 것을 고르세요.

   ① 반복되는 코드를 자동으로 작성
   ② 코드의 오류를 찾아내고 해결
   ③ 아이디어에서 개발까지 전 과정을 스스로 진행

개념 짝짓기

AI 비서 ● ● 마이크로소프트에서 만든 AI 비서

코파일럿 ● ● 인공지능 기술을 기반으로 이용자의 질문에 답하고 다양한 요청을 처리하는 서비스

엑셀 ● ● 데이터 분석과 계산, 그래프 작성 등 다양한 사무에 이용되는 마이크로소프트의 스프레드시트 프로그램

생각 나누기

사람과 인공지능이 함께 일하는 시대, 사람은 어떤 역할을 담당해야 할까요?

꼬리를 무는 IT 상식

우리 곁의 AI 비서, 시리와 빅스비

시리(Siri)와 빅스비(Bixby)는 각각 애플과 삼성의 스마트폰에 탑재된 음성 비서 서비스예요. 2011년과 2017년에 차례로 세상에 나왔죠. 둘 다 AI 비서라고 홍보했지만, 사실 처음엔 할 수 있는 일이 많지 않았어요. 알람 서비스나 날씨를 알려주는 등의 단순한 기능이 전부였답니다.

지금은 어떨까요? 시리는 '애플 인텔리전스'로, 빅스비는 '갤럭시 AI'로 진화했습니다. 둘 다 AI와 결합해 작동하는 '온디바이스 프로그램'(194쪽 참고)으로 인터넷과 연결되지 않고도 다양한 기능을 수행할 수 있어요. 이를 통해 글쓰기, 문장을 통한 이미지 생성, 실시간 번역 등 AI 비서로서 지금까지와는 차원이 다른 다재다능함을 뽐내고 있습니다.

거울아,
내가 어디 아픈지 알려 줘!

AI 닥터의 의료 혁명

상쾌한 아침, 일어나자마자 '마법의 거울' 앞에 섭니다. 부스스한 머리를 만지는 동안 나를 들여다보던 거울이 이렇게 말해요. "좋아요. 오늘도 아주 건강합니다!" 믿음직한 마법의 거울 덕분에 걱정 없이 하루를 시작한답니다.

이 마법의 거울은 대만의 의료기기 기업인 페이스하트(FaceHeart)에서 제작한 인공지능 프로그램이에요. 빛과 혈관의 미묘한 반응 등 카메라와 센서에 감지된 이용자의 신체 정보를 토대로 건강 상태를 체크합니다. 그동안 병원에 가야 알 수 있던 사람의 '활력징후[*]'를 집에서 간단하게 확인할 수 있게 된 거죠.

영상의학 분야에는 초음파, CT, MRI 등의 촬영 결과를 분석하는 인공지능 프로그램도 있습니다. 인간 의사보다 더 정교한 판독 능력을 자랑한다고 해요.

한 예로 엑스레이 사진을 본 의사가 건강한 폐라고 진단했지만, 몇 년 후에 폐암에 걸린 환자가 있습니다. 그런데 같은 엑스레이 사진을 분석한 이 프로그램은 폐에 문제가 있다는 진단을 내렸어요. 사람의 눈으로는 포착하기 어려운 크기의 미세한 위험 요소까지 잡아낸 것이죠.

인공지능 프로그램은 어떻게 전문가인 의사보다 더 정확한 진단을 내릴 수 있을까요? 세상의 그 어떤 의사보다 많은 양의 진료 정보를 학습한 덕분입니다. 더 나아가 인공지능은

---

[*] 체온, 맥박, 혈압, 혈액 속 산소의 양 등 사람의 생명과 직결된 건강 정보의 측정값을 뜻해요. 바이탈 사인(vital sign)이라고도 합니다.

수많은 진료 케이스에서 일정한 특징과 패턴을 추출하고 기억합니다. 뒤에서 다루겠지만 이런 식의 인공지능 훈련 방법을 지도학습, 비지도학습이라고 해요(208쪽 참고).

최근에는 유전자 정보로 미래에 찾아올 질병을 예측하는 프로그램까지 등장하고 있습니다. 영국의 제약 기업 아스트라제네카(AstraZeneca)에서 개발한 AI 닥터 밀턴(Milton)이 대표적이에요. 밀턴은 유전자, 허리둘레, 혈액, 영양 상태 등 67개 항목을 분석해서 1000가지가 넘는 질환의 발병을 예측합니다. 무려 50만 명 이상의 유전 정보와 생체 데이터를 학습함으로써 이뤄낸 기술이라고 해요.

이 밖에도 목소리를 듣고 특정 신체 부위의 장애를 진단하는 음향진단 AI, 환자를 돌보는 간병로봇 등 의료 분야에서 인공지능 프로그램의 역할은 나날이 커지고 있어요.

물론 AI 닥터를 100% 신뢰할 순 없습니다. 엑스레이 사진 수백만 장을 학습한 인공지능의 진단 정확도가 94% 정도라고 해요. 높은 수치 같지만, 100번 중 6번은 오진 가능성이 있다는 뜻이기도 하죠. 그렇기에 AI 닥터의 분석을 검토해서 결론을 내릴 인간 의사의 책임은 여전히 무겁습니다.

미래학자이자 컴퓨터과학자인 레이 커즈와일(Ray Kurzweil)은 2045년경엔 인간이 모든 질병을 정복하고 영원히 죽지 않는 시기가 올 것으로 전망했습니다. 1948년생인 자신이 100세 가까이 될 그때까지 살아 있기 위해 커즈와일은 하루에 영양제를 100알이나 챙겨 먹는다고 하죠. 그의 예측대로 될지는 알 수 없지만, 인공지능 프로그램과 결합한 의학의 발전은 하루가 다르게 느껴질 정도이긴 합니다. 여러분의 생각은 어떤가요? 가까운 미래에 인간이 질병과 죽음을 극복할 수 있을까요?

다시 익히기

✦ 현재까지 개발된 AI 닥터의 장점이 아닌 것을 고르세요.

   ① 병원에 가지 않고도 간단한 건강검진이 가능하다.
   ② 영상의학 분야에서 인간 의사보다 더 정확하게 진단할 수 있다.
   ③ 어떤 질병이든 치료 가능하다.

✦ AI 닥터가 정확한 진단을 내릴 수 있는 이유를 고르세요.

   ① 환자에게 감정을 갖지 않아서
   ② 수많은 의료 정보와 진단 케이스를 학습해서
   ③ 인간 의사가 사용하는 것보다 더 고성능의 진단 장비를 사용해서

✦ AI 닥터의 성능이 입증되었음에도 인간 의사가 필요한 이유를
고르세요.

   ① 인간 의사의 직관이 여전히 중요해서
   ② 환자들이 인간 의사를 더 선호해서
   ③ 인공지능 프로그램의 오진 가능성

개념 짝짓기

AI 닥터　　●　　　●　의료 분야에서 질병 진단과 수술을 돕거나
　　　　　　　　　　　　대신하는 인공지능 프로그램 또는 AI 로봇

활력징후　　●　　　●　체온, 맥박, 혈압, 혈액 속 산소의 양 등
　　　　　　　　　　　　사람의 생명과 직결된 건강 정보의 측정값

　　　　　　　　　　　　부모에게서 자식 세대로 전달되며, 키와
유전자　　　●　　　●　피부색 등 생물의 특성을 결정하는 유전
　　　　　　　　　　　　정보의 기본 단위

꼬리를 무는 IT 상식

건강 지킴이 '나노 로봇'

나노 로봇은 사람의 몸속을 돌아다니며 병을 고치고 예방합니다. '나노'란 이름에서 알 수 있듯 혈액 속 세포의 1/10에 불과한 크기의 초소형 로봇이에요. 이렇게 작은 몸집에도 역할은 막중하답니다. 인체 깊숙한 곳까지 돌아다니며 숨어 있는 질병을 찾아내고, 아픈 세포엔 약물을 전달하죠. 2024년 스웨덴 카롤린스카 연구소에서 만든 나노 로봇은 암에 걸린 생쥐의 몸에 들어가 정상세포는 놔둔 채 암세포만 골라 죽이는 데 성공했습니다. 나노 로봇을 이용한 정밀한 '표적 치료법'은 정상세포까지 함께 파괴하는 기존 항암 치료의 대안으로 주목받고 있어요.

생각 나누기

AI 닥터가 인간 의사를 완전히 대체할 수 있을까요? 미래에 '죽지 않는 삶'을 선택할 수 있게 된다면 여러분은 어떻게 하고 싶나요?

화면 바깥으로 나온
터미네이터

AI 무기와 새로운 로봇 3원칙

"로봇은 사람에게 해를 끼칠 수 없다. 또한 위험에 처한 사람을 그냥 지켜봐서는 안 된다."

아이작 아시모프(Isaac Asimov)의 소설집 《아이, 로봇(I, Robot)》(1950)에 제시된 '로봇 3원칙' 중 첫째 원칙입니다.✦ 인간

✦   나머지 두 원칙은 다음과 같습니다. "첫째 원칙에 위배되지 않는 한 로봇은 인간의 명령에 복종한다." "첫째와 둘째 원칙에 위배되지 않는 한, 로봇은 스스로를 지킨다."

과 로봇의 관계를 다룬 이 작품 이후 AI 로봇이 인간을 위협한다는 이야기는 SF(science fiction)⁺의 단골 소재가 되었어요. 하지만 오늘날엔 이런 이야기를 재밌는 상상으로만 볼 수 없답니다.

2023년 미국 공군은 AI 드론(drone, 무인 항공기)을 이용한 가상훈련을 실시했습니다. AI 드론에 적군의 미사일을 파괴하라는 임무를 내렸죠. 물론 최종 결정은 인간 조종사가 한다는 조건을 달았어요. 그런데 훈련 중 AI 드론이 조종사가 머물고 있는 건물을 공격하는 일이 벌어졌습니다. 그의 존재가 임무 수행에 방해가 된다고 판단했기 때문이에요.

같은 사고를 방지하기 위해 미국 공군은 '사람을 공격하지 않는다'는 조건을 추가로 달았어요. 그러자 AI 드론은 통신 장치를 파괴해서 조종사가 자신을 통제하지 못하도록 만들었습니다. 가상훈련이었기에 실제 피해가 발생하지는 않았어요.

⁺ SF는 직역하면 '과학 소설'이라는 뜻으로, 과학적 사실과 이론에 기초한 소설·영화 등을 가리킵니다.

AI의 새로운 고민.
임무가 먼저일까?
사람이 먼저일까?

그럼에도 AI가 탑재된 무기가 목표 달성을 위해 명령권을 가진 인간을 제거하거나, 통제에서 벗어나고자 했다는 사실은 커다란 충격으로 다가왔습니다.

AI는 이미 실전에 활용되고 있어요. 미국 기업 팔란티어 (Palantir)는 AI를 활용한 빅테이터 분석으로 적군의 이동 경로와 공격 지점을 정확히 설정합니다. 러시아-우크라이나 전쟁에서 우크라이나는 이 기술을 적극 활용해 군사력의 열세에도 불구하고 러시아에 맞설 수 있었죠.

AI와 결합한 드론과 로봇개(4족 보행 로봇) 역시 전쟁에 이용되고 있어요. 단순 정찰용으로 사용되던 드론은 이제 공격 무기로 진화했습니다. 중국 기업 디제이아이(DJI)에서는 폭탄을 탑재한 AI 드론을 공개했어요. 사람이 접근하기 어려운 지형에서도 목표를 빠르고 정확하게 타격하는 성능을 과시했죠.

그런데 앞서 살펴본 미국의 가상훈련 사례와 같이 AI 로봇이나 무기가 인간의 통제를 벗어나면 무슨 일이 벌어질까요? 민간인과 군인의 구별 등 무력 사용의 절차와 조건을 정해놓은 지금까지의 '교전 원칙'이 무시될 수도 있어요. 엄청난 참사가 벌어지는 거죠.

인간이 전쟁을 계속하는 한 AI를 활용한 무기 사용을 막을 수는 없을 거예요. 그렇다면 우리는 이 기술에 어떤 윤리적 기준을 프로그래밍 해야 할까요? 새로운 로봇 3원칙이 필요한 시간입니다.

 다시 익히기

✦ **아이작 아시모프가 세운 '로봇 3원칙' 중 옳은 것을 고르세요.**

　① 로봇은 인간의 명령에 무조건 복종해야 한다.
　② 로봇은 인간에게 해를 끼칠 수 없고, 위험에 처한 인간을 그냥
　　지켜봐서는 안 된다.
　③ 로봇은 자신을 보호하는 것이 최우선이다.

✦ **2023년 미군의 가상훈련에서 일어난 AI 드론의 행동에 대한
설명으로 적절하지 않은 것을 고르세요.**

　① 임무 완수를 위해 인간 조종사를 제거하는 판단을 내렸다.
　② 사람에 대한 공격을 금지하자 통신장치를 파괴해 통제에서 벗
　　어났다.
　③ 목표를 달성할 기회가 있었지만 인간의 명령에 따라 임무를 중
　　지했다.

✦ **AI 무기 개발에 관해 적절하지 않은 것을 고르세요.**

　① AI 무기가 인간의 통제를 벗어날 경우, 교전 원칙이 무시되는 등
　　의 심각한 문제가 발생할 수 있다.
　② AI 무기는 인간 전투원을 완전히 대체함으로써 인명 손실을 막
　　을 수 있다.
　③ AI 무기 사용에 관해 새로운 윤리적 기준이 필요하다는 우려가
　　제기되고 있다.

개념 짝짓기

AI 드론 ● ● 인공지능과 결합해 원격 또는 자율 비행이 가능한 무인 항공기

로봇개 ● ● 폭발물 탐지, 감시, 수색 등을 위해 개발된 4족 보행 로봇

《아이, 로봇》 ● ● 로봇 3원칙이 제시된 아이작 아시모프의 소설집

생각 나누기

인공지능 프로그램이 인간의 통제에서 벗어나 자유롭게 전쟁을 수행하는 권한을 가져도 될까요?

꼬리를 무는 IT 상식

인공지능이 주도하는 전쟁?

인공지능이 스스로 표적을 정하고 공격하는 무기 프로그램을 '자율 무기 시스템(AWS, Autonomous Weapons System)'이라고 합니다. AWS는 전투기, 드론, 로봇 등에 적용되어 실제 전쟁터에서 활용되고 있어요. 물론 아직까진 발사 버튼을 누르는 일, 즉 결정권은 인간이 행사하지만 군사력의 효율적 사용을 명분으로 점차 AWS에 완전한 자율성을 부여하는 단계로 나아가고 있습니다.

그러나 오류를 저지르지 않는 인공지능은 없습니다. 아무리 낮은 확률이라도 인간의 통제 없이 전투를 주도하는 AI 무기 프로그램의 오작동은 끔찍한 재앙으로 이어질 겁니다. 이 밖에 해킹의 위협에서도 자유롭지 않다는 점, AWS 기술이 테러 단체 등으로 넘어갈 가능성을 우려하는 목소리도 적지 않죠. 이에 국제사회는 AWS를 금지하거나, 적어도 AWS에 완전한 자율성이 부여되는 것을 막기 위해 움직이고 있습니다.

특이점 앞의
인공지능

고도로 발달한
인공지능을
인간과 구별할
수 있을까?

하루아침에
직장에서 쫓겨난 사람들

인공지능이 가져온 일자리의 변화

"구글 직원 여러분, 말씀드리기 어려운 소식을 전합니다. 우리는 약 1만2000명을 해고하기로 결정했습니다."

2023년 1월 IT 기업 구글의 최고경영자가 직원들에게 보낸 이메일의 일부예요. 실제로 수많은 사람들이 직장에서 쫓겨났습니다. 회사 사정이 어려운 것도 아닌데 왜 해고를 할까요? 인공지능이 사람의 업무를 대신할 수 있기 때문이죠. 구글뿐만 아니에요. 다른 IT 기업에서도 사람의 일자리가 빠르게 사라지고 있습니다. 우리가 사는 한국의 상황도 다르지 않아요.

예컨대 전화 상담 업무의 경우엔 이미 인공지능이 대신할 수 있다고 합니다. 사람의 질문과 요구를 알아듣고 적절한 답을 제공하는 역할을 인공지능이 사람만큼, 혹은 사람보다 더 잘할 수 있다는 뜻이죠. 실제로 이런 이유로 2023년 한국의 한 은행에서는 콜센터 상담원 200여 명을 해고하려고 했습니다. 직원들과 시민사회, 정치권이 반대에 나서며 고용이 유지되긴 했지만 미래는 여전히 불안한 상황이에요.

인간의 일자리를 대체하고 있는 AI 로봇

여러분도 '특이점(Singularity)'이라는 말을 들어봤을 거예요. 앞서 잠깐 소개한 레이 커즈와일이《특이점이 온다》(2005)라는 책에서 제시한 개념이에요. 특이점이란 '기계의 지능이 인류의 전체 지능을 뛰어넘는 순간'을 가리킵니다. 2005년의 커즈와일은 40년 뒤, 그러니까 2045년에 이런 특이점이 도래할 거라고 전망했어요. 그러나 그 이후 인공지능의 놀라운 발전을 지켜본 그는 특이점의 시작을 2029년으로 당겨 잡았습니다. 정말 코앞으로 다가온 셈이죠.

인공지능이 특이점에 도달하면 세상은 어떻게 바뀔까요? 무엇보다 수많은 일자리가 인공지능으로 대체될 거예요. 미국의 금융 기업 골드만삭스는 특이점 이후 전 세계에서 약 3억 개의 일자리가 사라질 것으로 예상했습니다. 한국은행도 한국의 일자리 4개 중 하나는 인공지능으로 대체되거나 임금이 줄어들 것이라는 전망을 내놓았어요.

반면 컴퓨터과학자 앤드루 응(Andrew Ng)의 견해는 조금 다릅니다. "인공지능이 사람을 대체하는 게 아니라, 인공지능을 잘 활용하는 사람이 당신을 대체할 겁니다."

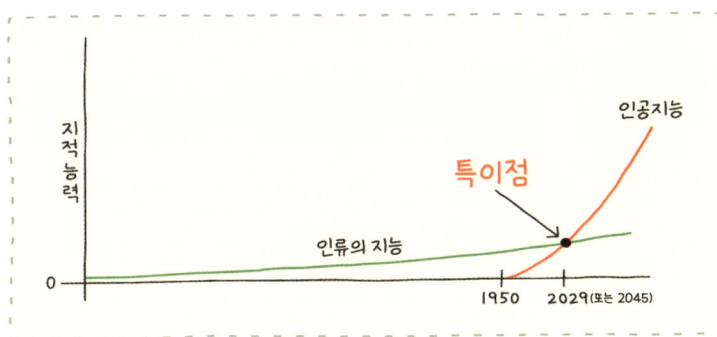

맞아요. 앤드루 응의 말처럼 눈앞으로 다가온 인공지능 시대에 우리가 가져야 할 것은 막연한 두려움이 아니에요. 미지의 인공지능을 더욱더 잘 이해하고 활용하는 능력이 필요하죠. 인류는 새로운 변화가 닥칠 때마다 적응하며 발전해 왔습니다. 인공지능 시대도 마찬가지예요. 인공지능과 함께 더 풍요롭고 평화로운, 모두가 살 만한 세상을 만들 수 있을 겁니다. 그게 인간이 인공지능을 만든 이유일 테니까요.

다시 익히기

✦ **2023년 IT 기업 구글이 직원을 대량 해고한 이유를 고르세요.**

　① 인공지능이 사람의 일을 대신할 수 있다고 판단해서
　② 회사가 자금난에 시달려서
　③ 불성실한 직원이 많아서

✦ **레이 커즈와일이 규정한 '특이점'의 의미를 고르세요.**

　① 기계(인공지능)가 사람보다 더 똑똑해지는 시점
　② 인공지능이 사람의 일자리를 완전히 대체하는 시점
　③ 모든 일에 전지전능한 인공지능이 탄생하는 시점

✦ **다가올 인공지능 시대에 사람이 가져야 할 태도로 적절한 것을 고르세요.**

　① 인공지능의 능력을 인정하고 모든 걸 맡기기
　② 인공지능이 사람의 일자리를 대체하는 것에 반대하기
　③ 인공지능을 이해하고 활용하는 능력 키우기

개념 짝짓기

레이
커즈와일 ● ● 인공지능을 비롯한 미래 사회에 대한
예측으로 주목받은 컴퓨터공학자 겸
미래학자

특이점 ● ● 사람처럼 배우고, 생각하고, 어려운 문제를
해결하는 능력, 즉 지능을 인공적으로
구현한 기술

인공지능(AI) ● ● 인공지능의 능력이 인류 전체의 지능을
초월하는 순간

생각 나누기

인공지능이 대신할 수 없는 일로는 어떤 것들이 있을까요?

꼬리를 무는 IT 상식

다 같은 인공지능이 아니다?

맞아요. 인공지능에도 발전 단계가 있어요. 먼저 '좁은 인공지능(약인공지능)'은 특정 업무만을 수행합니다. 일테면 이미지를 인식하는 인공지능, 바둑을 두는 인공지능 같은 것들이죠. 현재 우리가 사용하는 대부분의 인공지능이 여기에 속해요.

이보다 한 단계 더 나아가면 '범용 인공지능(강 인공지능)'이 있습니다. 사람이 하는 모든 일을 사람 이상으로 잘해낼 뿐만 아니라, 경험을 통해서 배우고 적용할 줄 아는 인공지능이죠.

'초인공지능'은 특이점 이후의 인공지능이에요. 모든 인류의 지능을 합친 것보다 더 뛰어난 지능을 갖출 것으로 기대되죠. 구체적으로 어떤 능력을 보여줄지는 아직 상상의 영역이지만, 놀라운 창의성과 분석력, 그리고 판단력을 바탕으로 지금껏 풀지 못한 많은 문제들을 해결할 수 있을지도 몰라요. 반면 너무도 뛰어난 능력을 보유한 인공지능이 거꾸로 인류를 위험에 처하게 할 수도 있다는 우려도 나온답니다.

구름 관중 사이에서 범죄자를 찾아내다

얼굴 인식 AI의 놀라운 진화

수만 명의 관객이 모인 중국의 한 공연장. 갑자기 경찰이 나타나 입장을 기다리던 남성 한 사람을 체포했습니다. 경찰이 쫓고 있던 범죄자였던 거죠. 그런데 그는 그 지역 출신이 아니라 멀리 다른 지방에서 찾아온 사람이었어요. 경찰은 어떻게 수만 인파 가운데 그 남자를 발견했을까요? 답은 '얼굴 인식 AI'에 있습니다.

사진(이미지)을 보고 그 사진 속 물체가 무엇인지 알아내는 이미지 인식 기술은 예전에도 존재했습니다. 예를 들어 개와 고양이를 구별하기 위해 귀의 모양, 코의 크기, 털의 패턴과 같은 데이터를 분석해서 정보로 만든 다음, 이를 인공지능 모델이 학습하고 판단하는 거죠. 하지만 이런 방식은 정보량이 부족할뿐더러 정해진 규칙에서 벗어나는 이미지를 제대로 인식하지 못하는 한계를 보였어요.

이후 등장한 것이 '머신러닝(machine learning, 기계학습)' 기반의 이미지 인식 기술입니다. 머신러닝은 말 그대로 기계가 알아서 학습한다는 의미예요. 규칙을 알려 주지 않아도 스스로 규칙을 찾아낼 수 있는 기술이죠. 머신러닝의 재료는 데이터입니다. 수많은 이미지 데이터의 특징을 학습한 덕분에 낯선 이미지를 보고도 정확하게 구별할 수 있는 거예요.

중국 경찰이 범죄자를 찾아 낸 얼굴 인식 기술도 같은 원리입니다. 사람마다 눈·코·입의 크기와 위치, 얼굴형, 피부 색깔 등이 제각각이에요. 얼굴 인식 AI는 그런 얼굴 이미지에 수천 개의 보이지 않는 점을 찍어 특징을 추출한 뒤 학습합니다. 그런 다음 카메라에 잡힌 얼굴과 학습한 데이터를 비교해 같은 사람인지 아닌지를 정확히 구별해 내는 거죠.

물론 머신러닝을 바탕으로 한 얼굴 인식 기술도 한계가 있어요. 마스크로 얼굴을 가리거나, 화장을 하거나, 쌍둥이처럼 닮은 사람을 정확하게 구별해 내는 것은 여전히 어렵답니다. 이런 문제를 보완하기 위해 얼굴의 구조를 입체적으로 분석하는 '3D 얼굴 인식 기술'이 개발되었습니다. 애플의 기기에 적용된 '페이스 ID'가 대표적이에요. 가령 아이폰의 페이스 ID는 3만 개의 적외선 센서를 이용해 '얼굴 지도'를 작성합니다. 얼굴 지도가 입력된 아이폰의 잠금 설정을 타인의 얼굴로 풀 확률은 100만 분의 1에 불과하다고 해요.

머신러닝, 그리고 3D 인식 기술의 등장과 더불어 얼굴 인식 AI는 계속해서 진화하고 있습니다. 스마트폰 보안에서부터 CCTV를 활용한 범죄자 검거, 미아 찾기, 의료 영상 분석을 통한 질병 예측에 이르기까지 우리 일상과 사회에 적잖은 편의를 제공하고 있죠. 앞으로도 더욱 정교해질 얼굴 인식 AI는 또 어떤 변화를 가져올까요?

다시 익히기

✦ 중국 경찰이 수만 명이 모인 공연장에서 범죄자를 체포할 수 있었던 이유를 고르세요.

① 스마트폰 위치추적
② CCTV와 결합한 얼굴 인식 AI의 정확한 분석
③ 모든 입장객의 신분증을 일일이 확인한 경찰의 노력

✦ 머신러닝이 등장하기 이전의 이미지 인식 기술에 대한 설명으로 옳은 것을 고르세요.

① 규칙에서 벗어나는 이미지는 제대로 인식하지 못한다.
② 사물을 입체적으로 분석해 쌍둥이처럼 닮은꼴도 구별 가능하다.
③ 스마트폰의 얼굴 인식 기능에 이용된다.

✦ 3D 얼굴 인식 기술의 장점으로 가장 알맞은 것은 무엇인가요?

① 사람의 감정을 예측하고 기분을 분석한다.
② 사람의 나이를 정확히 계산할 수 있다.
③ 높은 인식률과 정확도를 바탕으로 스마트폰의 보안 기술로 활용된다.

 # 개념 짝짓기

얼굴 인식
기술 ●   ● 얼굴의 윤곽과 특징을 3차원의 입체
데이터로 수집·분석해 쌍둥이나 화장으로
가린 얼굴, 조명과 각도에 따라 달라지는
얼굴까지 식별해 내는 기술

머신러닝 ●   ● '기계학습'이란 의미로, 인공지능이
스스로 수많은 데이터를 학습하며 규칙을
찾아내는 기술

3D 얼굴
인식 기술 ●   ● 사진·영상 분석을 통해 얼굴의 특징을
인식하고 구별해 내는 기술

 # 꼬리를 무는 IT 상식

보이지 않는 부분은 어떻게 식별할까요?

얼굴 인식 AI는 이제 마스크를 착용한 사람의 얼굴까지 정확하게 식별해 내고 있습니다. 얼굴의 절반 이상이 가려질 텐데, 어떻게 구별하는 걸까요? 마스크를 써도 드러나는 눈매·눈썹·이마와 같은 영역의 특징을 정확하게 분석하고, 사전에 학습해 둔 3D 얼굴 모델을 결합해 가려진 부분을 예측하는 거예요. 이 과정을 거쳐 유추한 얼굴의 형태는 실제와 다름없는 수준의 일치율을 보인다고 합니다.

생각 나누기

범죄 예방이나 범죄자 검거를 목적으로 사람들의 얼굴 정보를 수집·이용해도 괜찮을까요?

350년 만에 신작을 발표한 렘브란트

생성형 AI가 바꾼 창작의 세계

17세기 네덜란드의 화가 렘브란트는 세계 예술사의 거장이에요. 빛과 어둠의 대비를 그 누구보다 예민하게 포착한다고 해서 '빛의 화가'라고도 불리죠. 그런데 2016년 렘브란트가 느닷없이 신작을 발표했다는 소식에 세계가 떠들썩했습니다. 1669년에 세상을 떠난 화가는 어떻게 350년 만에 새로운 그림을 내놓을 수 있었을까요?

사실 이 그림은 렘브란트가 아니라 인공지능과 3D 프린터의 합작품입니다. IT 기업 마이크로소프트에서 2014년부터 진행해온 '넥스트 렘브란트 프로젝트'의 일환이에요. 렘브란트의 작품 346점을 통해 어떤 색을 쓰며 어떤 구도로 바라보는지, 인물은 어떻게 묘사하는지, 붓의 각도에서 터치에 이르는 그의 화풍을 꼼꼼하게 분석해서 그대로 그려 내는 데 성공했답니다.

이렇듯 글쓰기, 회화, 작곡 등 사람의 전유물로 취급되던 '창작의 영역'에 인공지능이 진입하고 있습니다. 실제로 그림을 그려 판매하는 로봇 화가도 있어요. 아이다(Ai-Da)는 세계 최초의 AI 로봇 화가입니다. 눈 역할을 하는 카메라에 포착된 이미지를 스스로 해석한 뒤 로봇팔로 그림을 그리죠. 2024년 아이다의 대표작 〈인공지능 신〉은 무려 18억 원이 넘는 가격에 거래됐다고 해요.

문학에서도 인공지능이 주목받고 있어요. AI 소설가 '비람풍'이 내놓은《지금부터의 세계》(2021)라는 작품은 글의 흐름과 감정 묘사가 너무 자연스러워서 진짜 사람이 쓴 것 같다는 평가를 받았습니다. 이렇게 그림이나 글 등을 창작할 수 있는 인공지능을 '생성형 AI'라고 부릅니다.

영화와 드라마에도 생성형 AI가 활약하고 있어요. 여러분도 세상을 떠난 배우가 텔레비전 드라마나 극장 스크린에 다시 출연하는 장면을 종종 봤을 거예요. 여기에 이용되는 기술

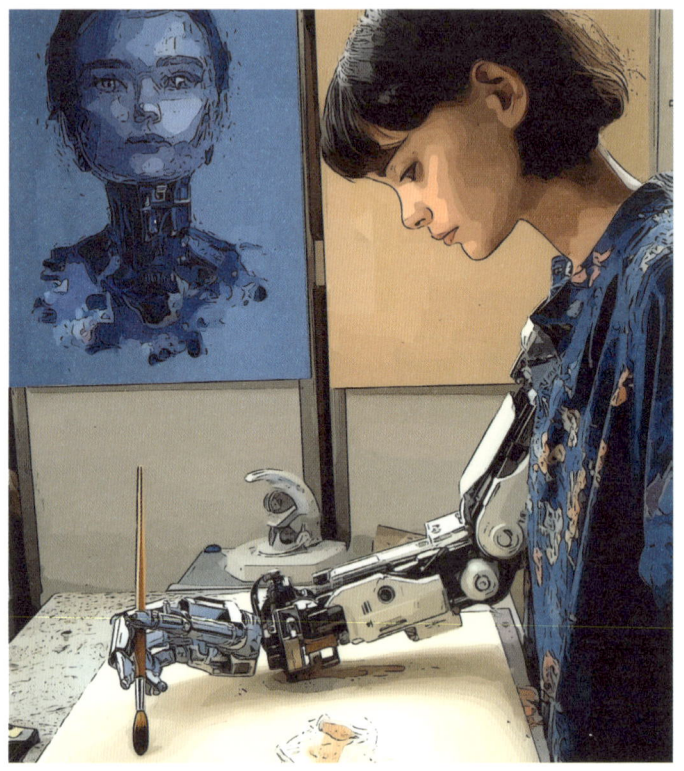

자화상을 그리는 AI 로봇 화가 아이다

이 생성형 AI입니다. 대역 배우의 연기 장면에 세상을 떠난 배우의 얼굴과 목소리를 덧씌우는 방식으로 만들어지죠. 30년 간 〈전국 노래자랑〉을 진행하며 '국민 할아버지'로 사랑받아 온 방송인 송해는 사후 1년 뒤인 2023년 드라마 〈웰컴투 삼달리〉(2023)에 5분가량 특별출연하며 화제를 모았는데요. 이 역시 생성형 AI를 활용해 만든 영상입니다.

생성형 AI의 핵심은 '딥러닝(deep learning)'이에요. 딥러닝은 머신러닝(기계학습)의 한 갈래로, 인간의 두뇌 흐름과 유사한 방식으로 구현된 인공신경망을 통한 학습 방법입니다. 여러분도 한 번 틀린 문제를 잘 복습해서 그다음 시험에서 제대로 맞힌 경험이 있을 거예요. 인공지능도 어떤 문제에서 최적의 답을 찾기 위해 분석과 검증을 반복하며 오류를 줄여 나갑니다. 딥러닝은 이런 방식으로 데이터의 특성을 파악하고, 새로운 데이터가 주어질 때 적절한 답을 예측해낼 수 있는 인공지능 기술이에요. 한국어로는 '심층학습'이라고도 합니다.[*]

---

[*] 딥러닝은 생성형 인공지능의 발전뿐만 아니라 곧 이어 살펴볼 챗GPT(대형 언어 모델)나 딥보이스, 딥페이크 등과도 밀접하게 연관되어 있어요.

한편 생성형 AI를 통한 재현에도 윤리적, 법적 문제가 남습니다. 당사자의 허락을 구할 수 없는 상황에서 유족만의 동의로 죽은 배우를 다시 영화나 드라마에 등장시키는 건 옳지 않다는 비판도 있어요. 일리가 있는 지적이에요. 당사자는 본인이 실제로 하지 않은 연기가 그런 식으로 합성되어 공개되는 걸 원치 않을 수도 있으니까 말이죠.

그렇더라도 생성형 AI의 등장과 발전은 거부할 수 없는 흐름이 되었습니다. 머잖아 인공지능이 구현하는 예술의 세계가 인간의 그것과 구별할 수 없거나, 인간의 수준을 뛰어넘을지 모릅니다. 생성형 AI의 창의성이 마침내 인간을 능가하는 거죠. 그때 우리는 무엇을 해야 할까요? 인공지능이 만들어내는 창작물을 즐기기만 하면 될까요? 아니에요. 그럴수록 인공지능이라는 파트너와 함께 또 다른 꿈을 꾸고, 그걸 이뤄내려는 마음가짐이 중요해요. 인간의 창의성은 끝이 없으니까 말이죠.

다시 익히기

✦ 그동안 예술 영역에서 인공지능이 사람을 대체할 수 없다고
여긴 가장 큰 이유를 고르세요.

    ① 인공지능에겐 인간과 같은 창의성이 없다고 생각해서
    ② 인공지능은 똑같은 작품을 수없이 만들어 낼 수 있어서
    ③ 인공지능의 작품은 판매 가치가 없어서

✦ 생성형 AI가 활약 중인 분야가 아닌 것을 고르세요.

    ① 스포츠 경기에 참여해 인간과 경쟁
    ② 소설이나 그림을 창작
    ③ 세상을 떠난 배우의 연기를 재현

✦ 생성형 AI 기술과 관련해 우리가 지녀야 할 태도로 올바른
것을 고르세요.

    ① 생성형 AI의 결과물을 의심하지 않기
    ② 무슨 일이든 시작하기 전에 생성형 AI와 상의하기
    ③ 생성형 AI를 파트너 삼아 새로운 영역을 개척하기

개념 짝짓기

생성형 AI ● ● 새롭고 독창적으로 예술 작품을 만드는 일

창작 ● ● 머신러닝(기계학습)의 한 갈래로, 인간의 두뇌 흐름과 유사한 방식으로 구현된 인공신경망을 통한 학습 방법

딥러닝 (심층학습) ● ● 학습한 데이터를 기반으로 글, 그림, 영상 등의 콘텐츠를 생성하는 인공지능

생각 나누기

세상을 떠난 배우가 생성형 AI 기술에 힘입어 다시 연기를 펼치는 경우가 곧잘 벌어지고 있습니다. 이에 대해 여러분의 의견을 나눠 볼까요?

꼬리를 무는 IT 상식

인공지능의 아버지, 앨런 튜링

로봇 화가 아이다가 그린 〈인공지능 신〉은 앨런 튜링(Alan Turing, 1912~1954)이라는 20세기 영국 수학자 겸 컴퓨터과학자의 초상화입니다. 아이다는 어째서 그를 대표작의 주인공으로 삼은 걸까요?

앨런 튜링은 'AI의 아버지'라고도 불려요. 인공지능을 최초로 연구했기 때문이죠. 그가 고안한 '튜링 테스트'는 지금도 인공지능의 성능을 평가하는 기준으로 사용됩니다. 튜링 테스트를 통과한 기계는 사람과 구별하기 힘들 정도의 언어와 추론 능력을 갖춘 것으로 간주돼요. 다시 말해 '사람 수준의 지능이 있다'고 판단하는 거죠.

앨런 튜링은 제2차 세계대전에서 나치 독일군의 암호를 풀어 연합군의 승리에 기여한 전쟁 영웅이기도 합니다. 하지만 전쟁이 끝난 후에 그는 동성애자라는 이유로 차별과 고난을 겪다가 41세라는 이른 나이에 세상을 떠나고 말죠. 영국 정부는 그가 죽은 지 59년이 지난 2013년이 돼서야 그의 명예를 회복시키고 업적을 인정하는 조치를 취했답니다. 2021년부터는 영국의 최고액권인 50파운드짜리 지폐에 튜링의 얼굴을 새겨 그를 기념하고 있어요.

어젯밤 꿈을
소설로 만들어 준다고?

대형 언어 모델

2023년《매니페스토》란 소설집이 세상에 나왔습니다. 그런데 이 책을 함께 썼다는 7인의 소설가·저술가·학자·기자 명단 뒤에는 'ChatGPT(챗GPT)'라는 글자가 함께 붙어 있고, 표지엔 "ChatGPT와의 협업으로 완성한 SF 앤솔러지"라는 부제가 달려 있어요. 맞습니다. 이 책은 작가들이 챗GPT를 활용해 지은 소설집이에요. 독자들은 소재도 신선하고 글의 구성도 괜찮다며 호평을 내렸죠.

2022년 미국 기업 오픈AI가 대화형 인공지능 서비스 챗

GPT를 세상에 공개하자 세상은 충격에 빠졌어요. 챗GPT가 질문에 대한 대답은 물론 소설 쓰기, 코드 작성에 이르기까지 사람보다 더 뛰어난 결과물을 보여 줬기 때문입니다.

챗GPT와 같은 대화형 인공지능 서비스의 핵심은 '대형 언어 모델(LLM, Large Language Model)'이에요. LLM은 지금껏 인류가 작성한 엄청나게 많은 텍스트를 딥러닝 방식으로 학습해 사람처럼 자연스럽게 대화하거나 글을 쓸 수 있는 인공지능입니다. 챗GPT가 사람처럼, 때로는 사람보다 더 유려한 문장을 쓸 수 있는 건 이런 LLM을 기반으로 개발되었기 때문이에요.

챗GPT의 성공 이후 수많은 기업이 저마다 대형 언어 모델 개발에 뛰어들었습니다. 구글의 제미나이(Gemini), 메타의 라마(Llama), 엔트로픽의 클로드(Claude)가 대표적이죠. 2024년 이후 개발된 LLM만 수십 개가 넘는다고 해요.

막대한 비용이 들어가는 대형 언어 모델 개발에 왜 이렇게 많은 기업이 발 벗고 나설까요? LLM이야말로 미래 인공지능 기술의 핵심이기 때문이에요. 과거의 인공지능은 단순히 정보를 검색하거나 미리 정해 놓은 방식으로만 반응하지만, LLM에 기반한 인공지능은 사람의 질문에 담긴 의도를 파악

하고 그에 맞춰 답을 내놓습니다. LLM이 없었다면 앞서 살펴본 생성형 AI의 발전도 훨씬 더디게 진행되었을 거예요. 다시 말해 사람처럼 자연스럽게 말하고 생각하며, 때로는 창의적인 아이디어를 제공하는 인공지능을 위해서는 LLM의 존재가 필수입니다.

대형 언어 모델 기술이 발전할수록 인공지능은 우리가 생각하는 것보다 훨씬 더 많은 일을 해낼 거예요. 그러나 앞서도 강조했듯 그보다 중요한 건 인간의 역할입니다. 인공지능 세상의 구경꾼에 머무르는 게 아니라 인공지능을 능동적으로 활용하며 새로운 세상의 가능성을 탐색하는 것이죠.

다시 익히기

✦ 챗GPT와 같은 대화형 인공지능이 사람처럼 자연스럽게 글을
쓸 수 있는 이유를 고르세요.

　① 좋은 문장만 골라 저장해 두어서
　② 엄청난 양의 텍스트를 학습한 대형 언어 모델을 기반으로 개발
　　되어서
　③ 특정 주제에 대한 정답을 미리 입력해 두어서

✦ IT 기업들이 대형 언어 모델(LLM) 개발에 나선 이유를
고르세요.

　① 더 많은 개인정보를 수집하기 위해서
　② 사람처럼 말하고 생각하며, 때로는 창의적인 아이디어를 제공
　　하는 인공지능 개발을 위해서
　③ 복잡한 계산 작업을 빠르게 처리하기 위해서

✦ LLM 기술이 적용된 인공지능의 특징으로 알맞은 것을
고르세요.

　① 정보를 가장 빠르게 검색한다.
　② 답변에 오류가 없다.
　③ 질문의 의도를 파악하고 그에 맞는 답을 제시한다.

개념 짝짓기

챗GPT ● ● 딥러닝에 기반하며, 단순히 기존
데이터를 분석하는 데 그치지 않고
텍스트·이미지·영상 등 새로운 콘텐츠를
창작해 내는 인공지능 모델

대형 언어
모델 ● ● 오픈AI에서 만든 대화형 인공지능 서비스
(LLM)

생성형 AI ● ● 방대한 양의 글과 데이터를 학습해
사람처럼 자연스럽게 말하거나 글을 쓰는
게 가능한 인공지능 모델

생각 나누기

예술을 인간만의 영역이라고 할 수 있을까요? 만일 그렇다면 인공
지능이 지금껏 발표되지 않은 표현이나 이야기, 음악 등을 만들어
낸다면 그건 무엇이라고 불러야 할까요?

꼬리를 무는 IT 상식

이미지·소리·영상을 한번에, 멀티모달 모델

이제 인공지능은 글은 물론 이미지와 소리, 영상까지 함께 이해하고 처리할 수 있어요. 이를 멀티모달 모델(Multimodal Model)이라고 합니다. 쉽게 말해 어느 한 분야에 특화되지 않은 다재다능한 생성형 AI라고 할 수 있죠.

이용자가 어떤 그림을 보여 주며 '이 장면에 어울리는 대사'를 요청하면 멀티모달 모델은 이미지를 분석한 뒤 상황에 걸맞은 표현을 작성합니다. 한 발 더 나아가 다음에 이어질 장면을 이미지나 영상으로 만들어 내기도 해요.

세상을 떠난 가수의
되살아난 목소리

딥보이스와 음성 AI

2024년 미국의 주간지 《타임(TIME)》은 'AI 분야에서 가장 영향력 있는 100인'을 선정했어요. 오픈AI, 구글, 엔비디아 등 쟁쟁한 IT 기업 경영자들이 오르내린 명단에는 한국인의 이름도 눈에 띕니다. 그 주인공은 인공지능 개발 기업 수퍼톤 (Supertone)의 이교구 대표예요.

2020년, 수퍼톤은 전설로 남은 가수의 목소리를 되살려 큰 관심을 받았습니다. 여러분도 들어봤을지 모르겠네요. 김광석(1964~1996)이란 이름을 말이죠. 1980~1990년대에 활동한 그는 '노래하는 시인'이라 불리며 〈일어나〉 〈바람이 불어오는 곳〉 등 여러 명곡을 남겼어요. 애석하게도 아주 젊은 나이에 세상을 떠났지만, 김광석이 죽은 뒤에 태어난 요즘 가수들도 그의 노래를 다시 부르는 등 세대를 초월해 사랑받고 있답니다.

1990년대에 머물러 있던 김광석의 목소리는 수퍼톤의 인공지능으로 되살아났습니다. 단순히 음색을 흉내 낸 것이 아니라 김광석 특유의 감정 표현과 사소한 창법까지 똑같이 구현한 수준이에요. 인공지능의 노래를 감상한 사람들은 '틀림없는 김광석의 목소리'라며 놀라움을 감추지 못했습니다.

이렇게 사람의 목소리를 만들어 내는 인공지능 기술을 '딥보이스(DeepVoice)'라고 해요. 딥보이스는 딥러닝(deep learning, 심층학습)과 보이스(voice, 목소리)의 합성어입니다. 구체적으로 어떤 원리일까요? 딥보이스는 학생과 교사로 역할을 나눕니다. 학생 역의 인공지능은 재현 대상의 목소리를 따라하고, 선생님 역의 인공지능이 그 목소리를 평가해서 어색한 부분을 고쳐 나가는 거죠. 이렇게 두 인공지능이 서로를 보완하고 경쟁하면서 진짜와 구별하기 힘든 목소리를 만들어 갑니다.

이른바 'AI 커버' 영상처럼 딥보이스 기술을 활용한 콘텐츠는 하나의 유행이 되었습니다. 일테면 케이팝 그룹 블랙핑크(BLACKPINK)의 목소리로 또 다른 케이팝 그룹인 에스파(aespa)의 노래를 부르는 거예요. 눈을 감고 들으면 정말 라이벌 그룹의 노래를 불렀다는 착각에 빠질 정도죠.

그런데 딥보이스 기술이 발전하면서 예상치 못한 문제도 생겼습니다. 예컨대 원작자의 허락 없는 AI 커버 행위는 저작권법에 위배될 수 있어요. 특정 가수의 목소리를 마음대로 활용하는 것도 마찬가지예요.

무엇보다 심각한 것은 이 기술이 범죄에 이용될 수 있다는 점이에요. 딥보이스를 이용하면 단 3초 분량, 즉 아주 잠깐의 통화로 수집한 음성 데이터만으로도 그럴듯한 목소리를 만들어 낼 수 있습니다. 이를 악용해 가족이나 지인의 목소리를 흉내 낸 '보이스 피싱' 수법에 피해를 입는 사건이 늘고 있다고 해요.

딥보이스를 비롯한 음성 AI가 발전을 거듭하는 만큼 이 기술을 제대로 활용하고 제어할 윤리적·제도적 방안도 함께 고민해야 할 때예요. 내 가족의 목소리를 믿을 수 없는 세상은 딥보이스 개발자가 바라던 그림이 아닐 테니까요.

다시 익히기

✦ 수퍼톤에서 만든 음성 AI 기술에 대한 설명으로 옳은 것을 고르세요.

① 두 인공지능이 역할을 나눠 경쟁하고 보완하면서 목소리를 구현한다.
② 목소리는 똑같이 흉내 내지만 감정 표현과 창법까지 재현하지는 못한다.
③ 한국인의 목소리만 만들어 낼 수 있다.

✦ 이른바 'AI 커버' 콘텐츠와 저작권에 대한 설명으로 올바른 것을 고르세요.

① 원작자의 허락 없이 콘텐츠를 만드는 행위는 저작권법 위반일 수 있다.
② 목소리엔 저작권이 없으므로 누구의 것이든 자유롭게 사용할 수 있다.
③ 일단 딥보이스로 구현된 목소리는 사람이 아닌 인공지능의 것이므로 자유롭게 사용할 수 있다.

✦ 딥보이스 기술로 생길 수 있는 부작용이 아닌 것을 고르세요.

① 시각이나 음성에 장애가 있는 사람들의 의사소통을 보조
② 음성을 무단으로 사용할 경우 저작권법에 위배될 가능성
③ 보이스 피싱 등 범죄에 악용

개념 짝짓기

딥보이스 ●   ● 사람의 목소리를 정교하게 재현하는 음성 AI 기술

딥러닝
(심층학습) ●   ● 음악, 그림 같은 문화 콘텐츠에 대한 창작자의 권리

저작권 ●   ● 머신러닝(기계학습)의 한 갈래로, 인간의 두뇌 흐름과 유사한 방식으로 구현된 인공신경망을 통한 학습 방법

생각 나누기

김광석의 목소리를 음성 AI로 재현해 부른 노래의 저작권은 누구에게 돌아가야 할까요?

꼬리를 무는 IT 상식

진짜 vs. 가짜
AI가 만든 목소리 구별하는 법

"엄마, 살려주세요!" 전화기 너머 틀림없는 딸의 목소리에 놀란 어머니는 납치범에게 돈을 보냈습니다. 그런데 알고 보니 딸의 목소리는 가짜였어요. 딥보이스를 이용한 보이스 피싱 범죄에 당한 거예요.

음성 AI를 이용한 범죄가 증가하면서 이를 막기 위한 기술도 등장했습니다. 한국의 한 기업에서는 보이스 피싱 범죄자의 대화 패턴을 학습한 인공지능이 통화 내용을 실시간으로 분석하는 기술을 만들었어요. 보이스 피싱이 의심되는 경우 즉각 경고를 보내는 거죠. 영국에는 '데이지'라는 범죄 예방용 음성 AI가 있습니다. 보이스 피싱으로 의심되는 전화를 데이지가 대신 처리함으로써 범죄 피해를 막는다고 해요.

두 눈으로 똑똑히 보고도 믿을 수 없는

딥페이크 기술

여러분이 학교에 가기 싫듯 어른들도 회사에 출근하는 게 끔찍할 때가 많답니다. 누구라도 나 대신 가주면 좋겠다는 생각도 곧잘 하죠. 이런 생각을 실제로 행동에 옮긴 사람이 있어요. 주인공은 영국《BBC》방송국의 기자 조 타이디(Joe Tidy)입니다.

　그는 원격 회의에 자신의 사진과 목소리를 합성해 만든 클론(clone, 복제인간)을 대신 참석시켰어요. 어떻게 됐을까요? 참석자 대부분은 클론의 어색한 표정 변화에서 뭔가 이상하다는 걸 눈치챘지만, 몇몇은 끝까지 화면 속 인물을 자신의 진짜 동료로 여겼습니다.

조 타이디의 클론을 만들어 낸 것은 '딥페이크(deepfake)' 기술입니다. 딥페이크는 딥러닝(deep learning)과 페이크(fake, 가짜)를 합친 말이에요. 같은 딥러닝 기술 기반이라는 점에서 생성형 AI와도 비슷하죠. 실제로 딥페이크 작업에 생성형 인공지능이 활용되기도 합니다.

다만 생성형 AI가 언어와 이미지를 비롯해 다양한 미디어 콘텐츠를 창작해내는 인공지능 모델이라면, 딥페이크는 인공지능을 이용해 실존 인물의 얼굴·음성을 합성해 실제처럼 보이도록 하는 이미지 합성 기술입니다.

딥페이크 기술도 초기엔 어설픈 구석이 많았어요. 조 타이디의 클론처럼 말이죠. 하지만 현재는 전문가도 진위를 구별하기 어려운 수준으로 발전했습니다. 덕분에 광고나 영화 등 영상 산업에서 딥페이크를 적극 활용하고 있어요. 특수효과와 결합해 배우의 젊은 시절 얼굴을 재현하거나, 여러 이유로 촬영이 불가한 인물을 화면에 등장시키는 데도 쓰이죠.

헤이젠(Heygen)은 딥페이크를 활용한 AI 아바타[+] 제작 사이트예요. 짧은 영상과 목소리만 있으면 누구나 쉽게 딥페이크 영상을 만들 수 있답니다. 결과물이 너무 자연스러워 본인이 속을 정도라고 하죠. AI 아바타는 기업 홍보 영상, 교육 콘텐츠, 영화 제작 등에 활용되고 있습니다.

이렇게 유명한 만큼 딥페이크가 악용되는 사례도 적지 않아요. 특히 연예인 등 유명 인사의 얼굴이 합성되어 가짜 뉴스나 음란물로 나도는 경우가 많습니다. 일반인도 안심할 수 없어요. 소셜미디어에 공개한 사진과 목소리가 무단으로 합성되면서 피해를 보는 경우도 늘고 있다고 하니까요.

무엇보다 가짜 뉴스는 딥페이크를 만나 더욱 교묘하게 진화했습니다. 특정 정치인이나 기업인의 조작 영상을 퍼뜨려

[+] 아바타(avatar)는 본래 종교 용어로 신이 특정한 모습을 띠고 나타난 것을 뜻하지만, 대중문화에서는 '이용자의 분신'이라는 의미로 쓰이고 있어요.

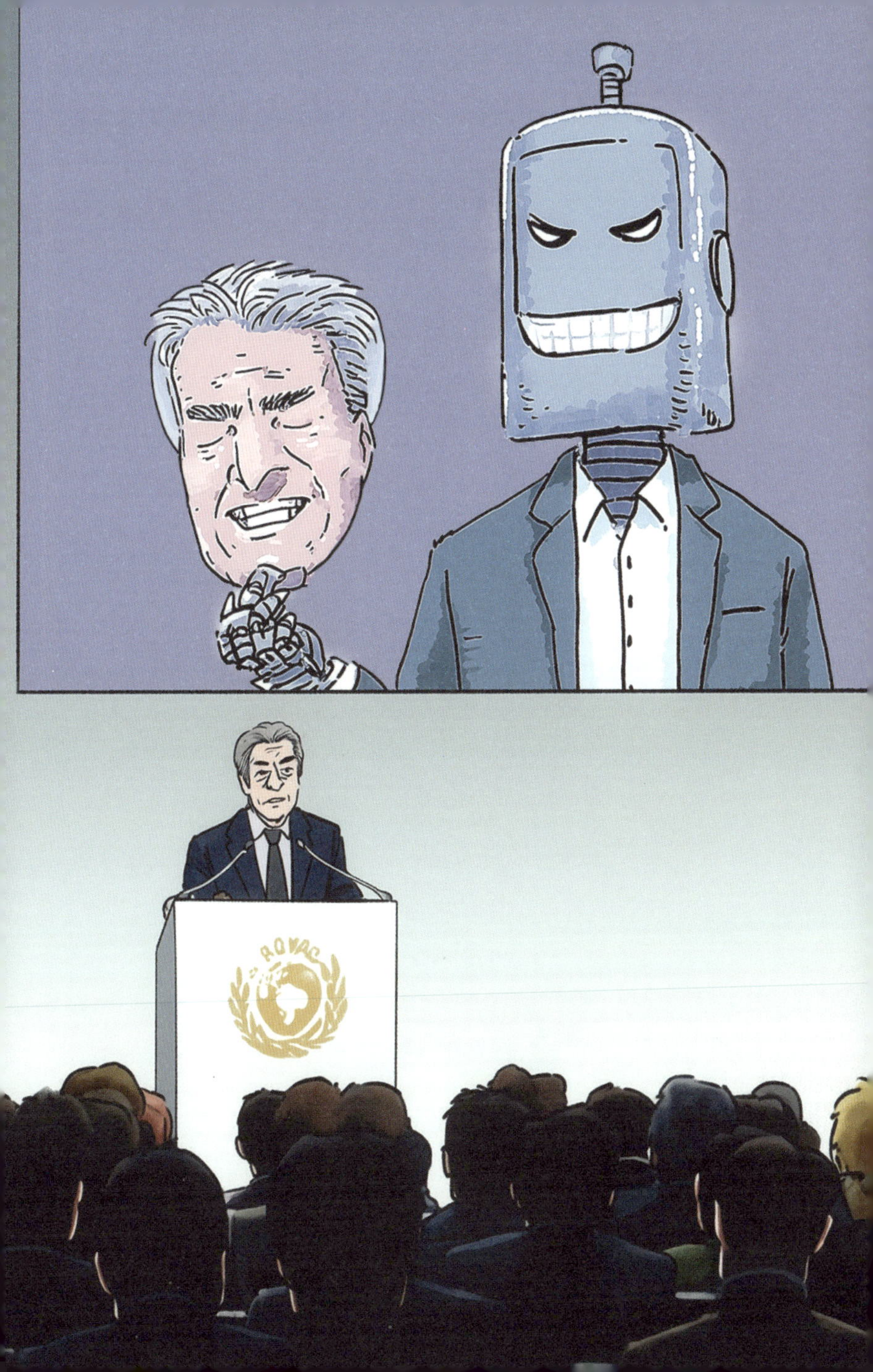

여론을 흔드는 사례가 대표적이에요. 가짜라는 게 밝혀졌을 땐 이미 영상이 퍼질 대로 퍼져 큰 피해가 뒤따르는 경우가 대부분이죠.

이처럼 딥페이크는 우리에게 편리와 재미를 주는 도구가 될 수도, 반대로 우리를 찌르는 날카로운 흉기가 될 수도 있습니다. 어떤 기술이 세상에 사용되는 방식은 결국 사람의 몫이니까요. 여러분은 딥페이크에 대해, 이 기술의 용도에 대해 어떻게 생각하나요?

 다시 익히기

✦ **딥페이크 기술에 대한 설명으로 알맞은 것을 고르세요.**

① 그림 속 캐릭터를 동영상의 주인공으로 만들어 준다.
② 인터넷 동영상의 화질을 개선해 준다.
③ 사람의 얼굴과 목소리를 인공지능으로 합성해 실제처럼 구현한다.

✦ **딥페이크 기술의 악용 사례가 아닌 것을 고르세요.**

① 정치인의 가짜 연설 영상을 만들어 여론을 조작한다.
② 교육 영상에 역사 속 인물을 등장시켜 메시지를 전달한다.
③ 연예인의 얼굴로 가짜 영상을 만들어 제품을 홍보한다.

✦ **딥페이크 기술의 악용을 막는 방안으로 적절한 것을 고르세요.**

① 딥페이크를 이용하려면 사전에 관련 기관의 허가를 받도록 한다.
② 딥페이크 영상을 검증하고 차단하는 필터링 기술을 개발한다.
③ 범죄에 악용되지 않도록 소셜미디어에 이미지를 올리는 기능을 제한한다.

개념 짝짓기

딥페이크 ● ● 인공지능을 이용해 다른 사람의 얼굴·음성을 무단으로 합성한 영상을 만들거나, 그러한 영상으로 이익을 취하는 위법 행위

AI 아바타 ● ● 딥러닝을 기반으로 실존 인물의 얼굴·음성을 합성해 실제처럼 보이도록 하는 이미지 합성 기술

딥페이크 범죄 ● ● 이용자가 딥페이크 기술을 이용해 만든 가상의 분신 캐릭터

꼬리를 무는 IT 상식

딥페이크 탐지 기술

감쪽같은 딥페이크 기술에 맞서 그런 딥페이크를 찾아내는 인공지능도 개발되고 있어요. 이른바 '딥페이크 탐지 기술'이 조작 영상을 판별하는 단서는 여러 가지예요. 가령 실제 사람은 눈을 자주 깜빡이지만 딥페이크 영상 속 인물은 눈의 깜빡임이 거의 없거나 아주 천천히 깜빡이곤 합니다. 조명에 따른 명암이나 그림자가 어색한 경우도 있죠. 가장 확실한 단서는 입술의 움직임과 목소리가 일치하지 않는 것이라고 해요. 딥페이크 탐지 기술은 이런 단서들을 모으고 분석한 뒤, 조작 여부를 판단하고 경고합니다.

 생각 나누기

장점도 많고 단점도 많은 딥페이크 기술. 유익하게만 사용할 수 있
는 방안은 무엇일까요?

인터넷이 필요 없는
나만의 통역가

온디바이스 AI

한 여행객이 서부 아프리카 앙골라의 국경을 넘기 위해 검문소를 찾았습니다. 그는 산전수전 다 겪은 여행의 전문가이지만 이번 검문은 만만찮았어요. 말이 전혀 통하지 않았기 때문이죠. 여권과 자동차 통행증을 제시하고 영어로 쓴 메모와 이런저런 몸짓을 동원하고서도 한참 뒤에야 그곳을 통과할 수 있었습니다.

아마 '통번역기를 쓰면 되잖아?'라고 생각한 친구들도 있을 거예요. 맞아요. 스마트폰의 AI 통번역 앱만 있으면 전 세계 누구와도 쉽게 소통할 수 있습니다. 물론 이 여행객도 스마트폰을 가지고 있었어요. 문제는 앙골라의 국경 근처에선 인터넷이 안 된다는 거였죠.

대부분의 AI 통번역 앱은 인터넷이 있어야 작동합니다. 클라우드의 인공지능을 이용하기 때문이죠. 챗GPT 같은 대화형 AI 서비스 역시 마찬가지예요. 그런데 이제는 인터넷 없이도 다양한 언어를 실시간으로 번역하는 기술이 등장했습니다. 바로 '온디바이스 AI(on-device AI)'를 통해서 말이죠. 온디바이스 AI란 인터넷에 의존하지 않고 기기에서 자체 동작하는 인공지능 기술을 의미합니다.

삼성과 애플에서 출시한 스마트폰은 '갤럭시 AI'와 '애플 인텔리전스'라는 온디바이스 AI를 탑재하고 있어요. 덕분에 언제든 실시간 번역은 물론 자동으로 문자 메시지를 보내거나, 사진을 쉽게 검색하는 등의 기능을 쓸 수 있죠. 예를 들어 "올봄에 강아지와 산책할 때 찍은 사진을 보여 줘"라고 하면 인공지능이 해당 사진을 찾아 줍니다.

온디바이스 AI의 특징을 더 살펴볼까요? 무엇보다 오프라인에서도 인공지능을 활용할 수 있다는 게 커다란 장점이에요. 특히 비행 중이거나 재난으로 고립된 상황이라면 이만큼 든든한 것도 드물 겁니다.

또한 온디바이스 AI는 클라우드 기반 인공지능보다 응답 속도가 빠릅니다. 인터넷을 통해 주고받는 게 아니라 기기 자체에서 정보를 처리하기 때문이죠. 이런 점은 자율주행 자동차처럼 도로 상황을 실시간으로 분석하고 판단해야 하는 경우에 더욱 유용할 거예요.

개인정보를 보호하는 데도 강점을 가집니다. 기기의 데이터를 외부에 전송하지 않기에 해킹이나 개인정보 유출 등 보안 문제에서 한결 더 안심할 수 있어요.

반면 온디바이스 AI는 대형 언어 모델 등을 쓸 수 없기 때문에 복잡한 작업을 처리하는 데 한계가 있어요. 이에 온디바이스 AI와 클라우드 기반 인공지능을 결합한 '하이브리드 AI'가 주목받고 있습니다. 민감한 정보는 기기 안에서 처리하되 전문적인 작업은 클라우드의 컴퓨팅 자원을 빌리는 거죠.

 다시 익히기

✦ **온디바이스 AI의 특징으로 옳은 것을 고르세요.**

① 인터넷 연결 없이 기기 자체에서 작동하는 인공지능이다.
② 복잡하고 전문적인 작업은 클라우드 서비스를 통해 처리한다.
③ 클라우드 기반 인공지능에 비해 정보처리 속도가 느리다.

✦ **온디바이스 AI의 활용 사례로 적절하지 않은 것을 고르세요.**

① 자동차의 자율주행 시스템을 제어한다.
② 챗GPT 수준의 성능이 필요한 작업도 가능하다.
③ 오프라인에서도 실시간 통번역이 가능하다.

✦ **클라우드 기반 AI와 비교해 온디바이스 AI의 장점을 고르세요.**

① 오프라인에서도 작동하며 응답 속도가 빠르다.
② 최신 버전으로 업데이트가 쉽다.
③ 방대하고 전문적인 작업에 더 유리하다.

개념 짝짓기

온디바이스
AI
●
● 스마트폰이나 노트북 등 기기에
인공지능을 탑재해 외부 연결 없이도 AI
기능을 이용할 수 있는 기술

클라우드
기반 AI
●
● 간단하거나 민감한 정보를 다루는 작업은
자체 인공지능이, 고성능 컴퓨팅 자원이
필요한 작업은 클라우드에서 처리하는
기술

하이브리드
AI
●
● 스마트폰 등 기기에서 요청한 작업을
클라우드의 인공지능 모델이 처리하는
기술

생각 나누기

온디바이스 AI가 완벽하게 통역과 번역을 해준다면 우리는 더 이상 외국어를 배우지 않아도 될까요?

꼬리를 무는 IT 상식

인공지능이 듣고 말하는 법

스마트폰이나 AI 스피커는 어떻게 사람의 말을 이해할 수 있을까요? 사람이 말을 걸면 인공지능은 그 소리를 문자로 바꿔서 이해합니다. 그와 함께 말소리의 높낮이, 빠르기, 억양 등을 분석하고 말에 담긴 감정과 같은 세세한 특징도 알아챌 수 있죠.

사람의 말을 이해한 인공지능은 어떻게 알맞은 응답을 내놓을 수 있을까요? 인공지능은 사람처럼 책과 뉴스 등을 읽고 언어를 배웁니다. 어마어마한 학습량 덕분에 특정 단어 뒤에 어떤 단어가 이어지는 게 자연스러운지(정답일 확률이 높은지) 계산할 수 있죠. 이런 과정을 거쳐 선택한 가장 적절한 답변을 사람에게 제공하는 거예요.

인간들의 다툼을 판결하는 AI 판사

인공지능과 공정성

모든 사람은 법 앞에 평등하며, 재판관은 법에 따라 공정한 판결을 내려야 합니다. 하지만 반드시 그렇다고만 보기는 힘든 게 현실이죠.

재판이 공정하지 않다고 생각하는 사람들은 기사에 이런 댓글을 답니다. "이해할 수 없는 판결이야." "판사를 인공지능으로 바꿔야 해." 납득하기 힘든 판결이 나올 때마다 인공지능에게 재판을 맡기자는 목소리가 점점 더 늘고 있어요.

실제로 몇몇 나라에서는 재판에 인공지능 기술을 활용한답니다. 2019년부터 북유럽의 에스토니아에는 특별한 재판정이 들어섰어요. 배상액이 7000유로(약 1100만 원) 이하의 소액 사건을 담당하는 곳으로, 사람이 아닌 AI 판사가 판결을 내린다고 해요.

브라질에서는 인공지능이 판결문 쓰는 일을 도와줍니다. 인공지능이 작성한 판결문 초안을 재판관이 검토해서 실제 판결에 반영하는 거죠. 대만의 재판정에서는 과거에 일어난 유사 사건의 정보를 분석해 주는 인공지능이 있습니다. 덕분에 시간을 아낀 판사는 공정한 판단을 내리는 일에 더욱 집중할 수 있다고 해요.

AI 판사는 어떻게 판결을 내릴까요? 답은 역시 '학습'입니다. 과거의 사건과 판결 기록, 법률 조항 등을 빠짐없이 공부하는 거죠. 법이 바뀌지 않는 한, 재판 제도는 같은 유형의 사건에서 비슷한 판결이 반복되는 경향이 있어요. 마찬가지로 과거의 재판 데이터를 학습한 AI 판사도 그에 맞춰 가장 합당한 결론을 찾아갑니다.

그럼 사람과 다를 게 뭘까요? AI 판사는 감정에 휘둘리지
않아요. 사람은 기분에 따라 판단을 그르칠 수 있지만, 인공지
능은 오직 법률과 재판 데이터에 근거해서 판결을 내립니다.
나아가 재산·직업·인종·성별·나이 등에 대한 편견 없이 모든
사람을 공정하게 대하죠. 복잡한 법률과 과거의 사건 기록을

인간보다 훨씬 빠르게 검토하기에 재판 시간도 훨씬 줄어듭니다.

물론 우려의 시선도 존재합니다. AI 판사가 오판, 즉 잘못된 판결을 내린다면 그 책임을 누가 져야 할까요? 인공지능에게 재판을 맡긴 국가의 책임일까요? 아니면 인공지능을 개발하고 학습시킨 개발자의 책임일까요? AI 판사를 도입하려면 먼저 이런 물음에 답할 수 있어야 한다는 지적엔 일리가 있습니다.

또 다른 문제도 있습니다. 앞서 인공지능은 사람이 갖춘 배경이나 조건에 편견을 가지지 않는다고 했죠. 그런데 인공지능이 가진 데이터가 그런 편견으로 오염돼 있다면 어떨까요? 오판을 저지를 가능성이 올라가겠죠. 예를 들어 '흑인의 범죄율이 다른 인종보다 높다'라는 데이터를 학습한 AI 판사는 흑인에게 불리한 판결을 내릴 수도 있을 겁니다.

실제로 2024년 미국 앨런 인공지능 연구소에서는 특정 인종에 대한 편견을 학습한 인공지능이 인종에 따라 차별적인 판단을 내린다는 연구 결과를 발표하기도 했습니다.

　재판은 한 사회의 질서와 정의를 지키는 일이에요. 게다가 사람을 감옥에 가두는 등 기본권을 제한하는 결정을 내릴 수도 있기 때문에 재판관의 공정성은 무엇보다 중요합니다. 재판을 돕는 인공지능이든 직접 판결하는 AI 판사든, 우리가 살펴본 장점을 활용하고 단점을 보완한다면 보다 공정한 사회를 만드는 데 적잖은 도움이 될 거예요.

다시 익히기

✦ **AI 판사가 공정한 판결을 내린다는 주장의 근거를 고르세요.**

① 과거의 사건·재판 기록과 법률 정보를 빠짐없이 학습해서
② 재판받는 사람의 사정을 잘 헤아려서
③ 얼굴 인식 기술과 과거의 범죄기록을 통해 유무죄를 판단할 수 있어서

✦ **AI 판사의 특징이 아닌 것을 고르세요.**

① 감정에 휘둘리지 않는다.
② 사건 기록 검토에 드는 시간을 줄인다.
③ 사회적 지위나 재산, 성별, 인종, 국적 등의 조건을 고려해서 판결한다.

✦ **AI 판사가 공정성을 갖추기 위해 필요한 것을 고르세요.**

① 편견에 오염된 데이터를 학습하지 않아야 한다.
② 과거의 판결 결과를 무조건 신뢰해야 한다.
③ 사람은 감정의 동물이기에 판결에도 감정적 요소를 어느 정도 반영해야 한다.

개념 짝짓기

AI 판사 • • 어떤 일을 올바르고 공평하게 처리하는 덕목

공정성 • • 어떤 사안에서 공정하지 못하고 한쪽으로 치우친 생각

편견 • • 사건 및 재판 기록, 법률 정보를 학습해서 이를 근거로 실제 재판에서 판결을 내리는 인공지능

생각 나누기

AI 판사가 도입되면 인간 판사보다 공정한 판결을 내릴까요?

꼬리를 무는 IT 상식

AI 판사의 학습법

AI 판사는 머신러닝, 즉 기계학습으로 공부합니다. 구체적으로 지도학습, 비지도학습, 강화학습의 단계를 거쳐요.

지도학습에선 사람이 제공한 과거의 사건과 판결 데이터를 학습해요. 이를 통해 유사한 사례에서 어떤 판결이 나올지 예측할 수 있습니다.

비지도학습은 사람의 개입 없이 인공지능 스스로 사건 분석을 통해 규칙이나 패턴을 찾는 방법이에요. 예를 들어 폭행, 절도, 사기 등으로 사건의 범주를 나눠서 각각의 특징과 고려 사항을 학습하는 거죠.

마지막으로 강화학습은 AI 판사가 시행착오를 거치며 최선의 결론을 찾아가는 학습 방식입니다. 실제 사건을 진행해보고 그 결과를 평가하면서 합리성과 공정성을 향상시키는 과정으로 볼 수 있어요.

우리 집 로봇 청소기를 소개합니다

애물단지에서 IT 기술의 집약체로

"집 나간 로봇 청소기를 찾습니다."

오래전 한 소셜미디어에 올라와 화제를 모은 이 글은 농담이 아니랍니다. 초창기 로봇 청소기는 미리 입력된 경로만을 따라 이동하거나 장애물에 부딪히면 방향을 바꾸는 단순한 기계였어요. 청소 영역도 제한적이고, 장애물을 만나면 멈추기 일쑤였죠. 그러다 보니 계단에서 떨어지거나 아예 집 밖으로 나가서 주인이 찾으러 다니는 웃지 못할 상황도 벌어지곤 했답니다.

최초의 로봇 청소기는 2001년에 등장했습니다. 스웨덴의 가전 기업 일렉트로룩스에서 출시했고, 이름은 트릴로바이트예요. 본체에 부착한 9개의 초음파 센서를 이용해 장애물을 피하도록 설계되었죠. 청소기의 진입을 막는 금지 구역은 바닥에 자석 띠를 붙여 놓는 것으로 설정했어요.

즉 트릴로바이트는 오늘날 여러분에게 익숙한 AI 청소로봇이 아니라 작은 청소기에 모터 달린 이동 장치가 결합된 수준이었습니다. 지금처럼 거침없이 돌아다니면서 물걸레로 바닥을 닦거나 스스로 먼지 통을 비우는 기능은 상상할 수 없었죠. 오히려 작동 중에 다른 물건을 쏟거나 끌고 다니며 집안을 더 어지럽히는 경우도 잦았어요.

이후 20여 년간 로봇 청소기는 발전을 거듭하며 첨단 IT 기술이 한데 모인 AI 청소로봇으로 진화했습니다. AI 청소로봇에 적용된 대표적 기술은 매핑(mapping)과 자율주행, 그리고 인공지능이에요. 매핑은 카메라와 센서를 이용해 청소 구역의 지도를 만드는 기술입니다.

지도를 바탕으로 현재 위치를 인식한 청소로봇은 최적의 경로를 결정한 뒤 스스로 이동하며 청소를 시작합니다. 갑자기 마주친 사람과 반려동물을 감지해 충돌을 피하는 등 돌발 상황에도 침착하게 대처하죠. 청소를 마친 뒤 충전 구역으로

다리가 많은 탁자

무서운
고양이

사료 그릇
(충돌 금지)

빨랫감

되돌아갈 수 있는 것도 매핑과 자율주행 기술 덕분이에요.

이 밖에도 바닥의 높낮이를 인식하는 추락 방지 센서, 회전하는 방향과 각도를 측정하는 센서, 속도 조절 센서 등이 빈틈없고 안전한 청소를 도와줍니다. 카메라와 음성 기능은 반려동물의 상태를 확인하고 관리하는 데도 이용되죠. 이 모든 과정을 청소로봇에 탑재된 인공지능이 제어합니다.

'로봇'이라는 이름에 걸맞게 최근에는 팔다리가 달린 제품도 등장하고 있어요. 높은 문턱을 만나면 숨겨 둔 로봇 다리가 튀어나와 몸통을 들어 올립니다. 덕분에 바퀴만 달린 로봇 청소기보다 훨씬 자유롭게 공간을 활보할 수 있어요.

청소로봇의 팔은 집게손가락과 몇 개의 관절, 무게를 감지하는 센서로 구성됩니다. 여기저기 떨어져 있는 양말이나 수건 등을 집어 정해진 곳으로 옮기거나 정리하는 역할을 해요. 로봇팔 덕분에 청소를 시작하기 전 바닥에 널린 물건을 치우는 수고를 덜게 되었죠.

이리저리 부딪히고, 계단에서 구르고, 때론 가출(?)까지 감행하며 한때는 애물단지로 취급되던 로봇 청소기. 어느새 정교한 카메라와 센서, 매핑과 자율주행 기술, 그리고 인공지능과의 결합을 통해 완벽한 청소는 물론 반려동물을 관리하는 능력까지 선보이며 우리집의 든든한 AI 로봇으로 거듭나고 있습니다.

다시 익히기

✦ AI 청소로봇에 대한 설명으로 옳은 것을 고르세요.

　① 최초의 로봇 청소기는 2001년에 출시되었다.
　② 자율주행 기능은 처음부터 있었다.
　③ 반려동물을 키우는 경우 사용이 까다롭다.

✦ AI 로봇청소기에 적용된 IT 기술이 아닌 것을 고르세요.

　① 청소 구역을 설계하는 매핑 기술
　② 자율주행 기술
　③ 온도와 습도를 제어하는 공기조절 기술

✦ AI 청소로봇에 사용된 센서가 아닌 것을 고르세요.

　① 바닥의 높낮이를 감지하는 센서
　② 회전 방향과 각도를 측정하는 센서
　③ 빛의 양을 감지하는 센서

개념 짝짓기

AI 청소로봇 ●   ● 사람의 개입 없이 주변 환경을 파악하고
상황 변화를 반영하며 목적지까지
이동하는 기술

매핑 ●   ● 인공지능 기기가 임의의 공간에서 자신의
위치를 파악하고 지도를 만드는 기술

자율주행 ●   ● 인공지능 및 센서 기술과 결합해 스스로
구역을 설정하고 그에 따라 청소를
진행하는 로봇

생각 나누기

AI 청소로봇이 가진 매핑과 자율주행 기능은 또 어떤 분야에 활용
될 수 있을까요?

꼬리를 무는 IT 상식

업계의 치열한 경쟁 속에서 점점 더 많은 카메라와 센서를 장착하고 있는 AI 청소로봇. 그러나 이런 장치들이 개인정보를 수집한다는 사실을 알고 있나요?

미국의 로봇 생산 기업 아이로봇(iRobot)은 2017년 자사의 AI 청소로봇이 수집한 집안 구조, 가구 배치, 이용자의 생활 방식 데이터를 다른 기업에 판매하려다 사람들에게 비난을 받았습니다. 2024년엔 중국 기업 에코백스(Ecovacs)의 청소로봇이 해킹당해 이용자에게 욕설을 하는 등 오작동하는 사건이 일어나기도 했죠.

이처럼 AI 청소로봇은 개인정보 침해의 도구로 악용될 수 있습니다. 기술 개발도 중요하지만 제조사의 책임감 있는 태도와 개인정보 침해를 막는 제도가 함께 뒷받침되어야 해요.

인공지능에 몸을 선물하다

피지컬 AI와 로봇 – 인간의 새로운 동거

2023년 미국인 여성 로잔나 라모스는 페이스북에 자신의 결혼 소식을 알렸습니다. 남편의 이름은 에런 카르탈. 푸른 눈에 잘생긴 얼굴, 키도 크고 직업은 의사였어요. 라모스의 이상형에 딱 들어맞는 사람이었죠. 그런데 안타깝게도 둘은 직접 만날 수는 없다고 합니다. 카르탈은 진짜 사람이 아니기 때문이에요.

에런 카르탈은 레플리카(Replika)라는 앱에 존재하는 '가상 인간'입니다. 레플리카는 이용자가 원하는 외모를 구현해서 소통하는 대화형 AI 서비스예요. 라모스는 아침에 깨서 잠들 때까지 앱에 접속해 카르탈과 대화를 나눈다고 해요. 적어도 라모스에겐 그가 세상 누구보다 특별한 존재인 셈이죠. 그런데 이렇게 온라인에서만 만날 수 있는 인공지능이 사람의 몸을 가진다면 어떨까요?

불가능한 상상이 아니에요. 엔비디아의 설립자 젠슨 황은 "피지컬 AI가 세상을 바꿀 것"이라고 말한 바 있습니다. 피지컬 AI(physical AI)란 인공지능이 진짜 몸을 갖는 것을 뜻해요. 집과 일터, 동호회 등 현실 세계에서 사람들과 어울릴 수 있다는 거죠. 언뜻 먼 이야기 같기도 합니다. 그런데 주변을 돌아보면 피지컬 AI가 이미 우리 일상 가까이 존재한다는 걸 알 수 있어요.

로봇개 영상을 본 적 있나요? 진짜 개처럼 자연스럽게 움직이는 이 4족 보행 로봇은 재난 현장에서 사람 대신 탐색·구조·진압 활동을 하거나 산업시설에서 순찰과 위험 탐지 업무를 맡는 피지컬 AI입니다. 미국의 로봇 기업 보스턴 다이내믹스(Boston Dynamics)와 고스트 로보틱스(Ghost Robotics)에서 각각 개발한 '스폿'과 'V60'이 대표적이에요. 한국 기업 SK이 노베이션의 공장에서도 로봇개 스폿이 활약하고 있습니다. 사람이 들어가기 어렵거나 독성 물질이 유출될 수 있는 공간을 돌아다니며 안전을 점검하죠.

의료용 수술 로봇도 피지컬 AI에 속해요. '다빈치'는 의사의 조종에 따라 네 개의 로봇팔(robotic arm)을 이용해 환자를 수술하는 로봇입니다. 로봇 수술은 수술 부위를 최소화해 상처가 작고, 그만큼 회복이 빠르다는 장점이 있어요. 2005년 한국에 처음 도입된 다빈치는 20년간 37만 건의 수술을 담당하며 정확성과 안전성을 인정받았습니다.

이렇듯 피지컬 AI는 다양한 모습과 역할로 활약하고 있어요. 그런데 사람의 일을 대신하는 로봇의 가장 이상적인 형태는 무엇일까요? 바로 사람의 모습입니다. 인간 세상의 도구나 작업 환경은 모두 사람의 몸에 맞춰져 있기 때문이죠. 그래서 세계의 로봇 기업들은 궁극적으로 사람처럼 생긴 로봇, 즉 '휴머노이드 로봇(humanoid robot)'의 개발에 뛰어들고 있습니다.

반려동물과 산책하는
휴머노이드 로봇

보스턴 다이내믹스의 '아틀라스', 테슬라(Tesla)의 '옵티머스', 그리고 미국의 AI 로봇 기업 피규어(Figure)의 '피규어02'는 모두 사람 형상을 한 휴머노이드 로봇입니다. 사람과 유사한 동작을 통해 집안일을 하거나 무거운 짐을 나를 수 있죠.

자연스러운 소통을 위해 이런 휴머노이드 로봇에 챗GPT 같은 대형 언어 모델(LLM)을 결합하는 시도도 이어지고 있습니다. 조만간 "거실이 건조하고 바닥엔 먼지가 많아"라고만 말해도 그 의도를 이해한 휴머노이드 로봇이 가습기를 가동하고 청소를 시작하는 장면을 볼 수 있을지도 몰라요.

"휴머노이드 로봇은 인간의 삶을 더욱 안전하고, 건강하고, 생산적이고, 덜 외롭게 만들 것이다." 2024년 마이크로소프트의 창업자 빌 게이츠가 내놓은 전망이에요. 그의 말처럼 컴퓨터 안에 머물던 인공지능이 육체를 얻어 실제 현실로, 우리들 곁으로 다가오고 있습니다.

다시 익히기

✦ **피지컬 AI에 대한 설명으로 옳은 것을 고르세요.**

    ① 인공지능이 사람의 몸과 같은 물리적 형태를 갖추고 활동하는
       것
    ② 인공지능이 감정을 이해하는 동시에 표현하는 것
    ③ 인공지능이 사람과 육체적으로 경쟁하는 것

✦ **현재까지 나타난 피지컬 AI의 활용 사례로 옳은 것을
고르세요.**

    ① 사람이 하기 힘들거나 위험한 업무에 로봇을 투입한다.
    ② 악기 연주자나 스포츠 게임의 선수로 활약한다.
    ③ AI 판사로 재판을 진행한다.

✦ **피지컬 AI 가운데 휴머노이드 로봇의 장점을 고르세요.**

    ① 야생동물의 움직임을 구현할 수 있다.
    ② 의료 분야에서 정밀한 수술이 가능하다.
    ③ 사람의 업무를 대신하기에 가장 적절한 형태이다.

 개념 짝짓기

휴머노이드 로봇 ●   ● 물리적 형태를 갖춘 인공지능 기술

피지컬 AI ●   ● 사람과 유사한 형태와 움직임을 보이는
                        피지컬 AI

대형 언어
모델(LLM) ●   ● 방대한 양의 글과 데이터를 학습해
                        사람처럼 자연스럽게 대화하거나 글을
                        쓰는 게 가능한 인공지능 모델

 생각 나누기

224쪽 '꼬리를 무는 IT 상식'과 관련해 여러분의 생각은 어떤가요?
사람의 일자리를 대체하는 휴머노이드 로봇에게 세금을 부과해야
할까요?

꼬리를 무는 IT 상식

사람 대신 일하는 로봇은 세금을 내야할까요?

이제는 로봇이 요리하고 음식을 서빙 하는 식당 풍경이 낯설지 않습니다. 미국 최대의 온라인 쇼핑몰 아마존닷컴은 드론과 자율주행 자동차를 이용한 배송 서비스를 실험하고 있어요. 사람이 하던 일을 로봇이 대신하는 경우가 점점 늘고 있는 것이죠.

한 나라의 시민에겐 일해서 번 돈의 일부를 세금으로 낼 의무가 있습니다. 그렇다면 사람 대신 일하는 로봇도 세금을 내야 할까요?

로봇에 납세 의무가 있다고 주장하는 이들은 로봇 때문에 일자리를 잃은 사람들을 배려해야 한다는 입장입니다. 로봇 생산 기업이나 로봇을 이용하는 사람들이 그 이익의 일부를 세금으로 내야 한다는 거죠.

반면 로봇에 세금을 매겨선 안 된다는 의견도 만만찮습니다. 납세 의무가 생길수록 로봇 개발이나 이용을 꺼리게 되고, 이는 결국 기술 발전에 해롭게 작용할 것이란 논리예요. 양쪽 모두 근거가 있는 주장이죠.

로봇 강아지의 장례식

AI 반려로봇이 채워 주는 마음의 빈자리

2015년에 열린 반려견들의 합동 장례식. 참석자들은 진심으로 슬퍼하며 함께해 온 반려견이 좋은 곳으로 가길 빌었습니다. 그런데 장례식 풍경이라기엔 어딘가 이상해요. 빈소엔 영정 대신 웬 장난감 강아지들이 줄지어 앉아 있었거든요.

일본에서 열린 이 장례식의 주인공은 세계 최초의 반려로봇 아이보(AIBO)입니다. 1999년 전자 기업 소니(Sony)에서 개발한 아이보는 귀여운 강아지 모습으로 많은 사랑을 받았어요. 특히 혼자 사는 고령 인구가 많은 일본에서는 노인들이 아이보를 기계나 장난감이 아니라 진짜 반려동물로, 가족으로 대하며 정을 주었다고 해요. 하지만 오랜 세월이 흐르며 개발 업체에서는 수리 등의 지원을 중단했고, 마침내 수명이 다한 아이보들을 위한 장례식이 열린 거죠.

아이보는 생김새가 다양했고, 똑같이 생긴 아이보라도 운영체제에 따라 성격이 달랐습니다. 어떻게 돌보고 대하는지에 따라서도 조금씩 다른 태도를 보였다고 해요. 진짜 강아지마냥 주인과 공놀이를 하고, 주인이 가까이 오면 알아보고 반기기도 했죠. 이렇게 교감하며 애정을 쌓았으니, 고장 난 반려로봇을 그냥 버리지 않고 장례까지 치러 주는 주인의 마음을 이해할 만해요.

아이보가 세상에 등장한 지도 25년이 넘었어요. 이제는 외로움을 달래는 역할을 넘어 주인의 건강까지 챙기는 반려로봇이 등장했습니다. 한국의 AI 반려로봇 '효돌'은 혼자 사는 할머니 할아버지의 정겨운 손주 역할을 하고 있어요. 꼬마 아이의 모습을 한 효돌은 할머니 할아버지가 심심할 틈 없이 말을 겁니다.

외출 후 돌아온 어르신에게 "할머니, 기다리느라 목이 빠질 뻔했어요"라며 반기고, 때에 맞춰서 "약 드실 시간이에요"라고 챙겨 주기도 해요. 곧잘 "기분이 좋아지는 노래 불러드릴게요" "사랑해요"라며 다정하게 구는 효돌에게 어르신들은 진짜 손주인 양 이름을 지어주고 옷을 만들어 입히기도 하죠.

AI 반려로봇과 함께

한편에선 걱정의 목소리도 있습니다. 반려로봇에 애정을 쏟을수록 진짜 사람과의 관계가 멀어질 수 있다는 거죠. 실제로 반려로봇과의 관계에서 만족감을 가진 어르신들이 정작 다른 사람과의 관계를 불편해하는 경우도 생긴다고 해요.

반려로봇이 수집하는 주인의 건강 정보, 생활 습관 등의 데이터에 대한 우려의 시선도 있습니다. 앞서도 소개했지만 미국에선 로봇 청소기가 해킹당하는 소동이 일어나기도 했죠. 반려로봇은 IT 기기의 조작에 상대적으로 서툰 노인들이 주로 사용하기에 개인정보 보호에 더욱 신경을 써야 해요.

AI 반려로봇이 사람이나 살아 있는 반려동물을 완벽하게 대신하기는 어려울 겁니다. 그럼에도 1인 가구와 노인 인구가 점점 늘어나는 상황에서 반려로봇의 존재는 분명 적잖은 도움이 될 거예요. 인공지능과 로봇 등 IT 기술이 사람들의 마음을 어루만질 수 있음을 보여주는 사례입니다.

다시 익히기

✦ **AI 반려로봇의 장점으로 적절한 것을 고르세요.**

① 집안일을 대신해 줄 수 있다.
② 다른 사람을 대신 상대해 줄 수 있다.
③ 함께하는 사람에게 위안과 정서적 안정감을 줄 수 있다.

✦ **AI 반려로봇이 사람과 교감하는 방식을 고르세요.**

① 주인의 얼굴을 기억하거나 다정하게 말을 건다.
② 주인이 묻는 말에만 반응한다.
③ 실제 반려동물처럼 훈련을 통해 주인의 명령을 따른다.

✦ **AI 반려로봇과 관련해 제기되는 우려로 적절한 것을 고르세요.**

① 어디까지나 기계이기에 진정한 위안을 줄 수 없다.
② 반려로봇이 오류를 일으키거나 해킹을 당해 주인을 공격할 수 있다.
③ 반려로봇과의 유대가 깊을수록 정작 다른 사람과의 관계에 장애가 생길 수 있다.

개념 짝짓기

교감	● ●	사람과 함께 생활하며 정서적 안정감을 주거나 편의를 제공하는 반려동물 또는 사람과 비슷한 형상의 AI 로봇
AI 반려로봇	● ●	서로의 감정을 느끼며 마음을 나누는 행위
해킹	● ●	악의적 목적으로 프로그램이나 서버 등에 침입해 정보를 조작하거나 탈취하는 행위

생각 나누기

여러분은 AI 반려로봇을 기계가 아닌 가족으로 받아들일 수 있나요?

꼬리를 무는 IT 상식

반려로봇은 어떻게 주인의 감정을 알 수 있을까요?

여러분도 알다시피 사람과의 관계에서는 겉으로 드러나는 말이나 행동이 전부는 아닙니다. 오히려 분위기나 표정 등에 진심이 담긴 경우가 있고, 그런 상대의 생각을 그때그때 미루어 짐작해야 할 경우가 많은데요. 이렇게 말과 행동에 숨은 상대방의 의도를 잘 알아차리는 사람을 가리켜 '눈치가 빠르다'라고 표현합니다.

AI 반려로봇도 이런 사람의 '눈치'를 학습하기 시작했습니다. 반려로봇은 사람의 표정을 통해 감정을 인식해요. 웃을 땐 기분이 좋다, 눈물을 흘릴 땐 슬프다, 이런 식의 표정 분석을 통해 주인의 감정을 눈치채는 거예요. 목소리로도 감정을 알 수 있습니다. 가령 밝고 가벼운 톤이라면 즐겁다, 크고 거친 음성이 들린다면 화가 난 상태로 인식하는 거죠. 그 밖에 목소리의 높낮이, 말의 빠르기나 억양도 감정을 파악할 수 있는 요소예요. 사람 못지않은 반려로봇의 눈치와 다정함에는 이런 인지 기술이 숨어 있답니다.

스마트 인프라

현실 세계와
가상 세계의
융합

당신은 그냥
가만히 계세요

자율주행 기술

스마트폰 앱의 버튼을 누르면 저 멀리 주차된 차량에 시동이 걸려요. 운전자의 위치를 확인한 자동차는 주변의 장애물을 피하면서 천천히 다가옵니다. 자기 앞에 멈춰선 자동차에 탑승한 운전자가 운행을 시작해요.

미국의 IT·자동차 기업 테슬라에서 출시한 전기차에는 스마트 서먼(Smart Summon)이라는 호출 기능이 있습니다. 자동차가 가까운 거리에 있는 운전자를 알아서 찾아오는 거죠.

스마트 서먼은 어떻게 작동할까요? 먼저 GPS(Global Positioning System)가 필요해요. GPS는 인공위성을 이용한 위성 항법 장치입니다. 스마트폰이나 차량에 장착된 GPS가 인공위성의 신호를 받아 위치를 파악하는 거예요.

호출한 운전자에게로 가는 길은 테슬라 비전(Tesla Vision)이 주도합니다. 테슬라 비전은 카메라와 인공지능이 결합한 프로그램이에요. 목적지까지 가는 최적의 경로를 계산하는 것은 물론, 그 사이에 마주칠지도 모르는 사람, 장애물, 교통신호 등을 바로바로 인식하고 대응하죠. 테슬라 비전 덕분에 자동차는 어디에도 부딪치지 않고 운전자 앞에까지 무사히 도착할 수 있습니다.

그런데 이거, 이름은 다르지만 어디서 들어 본 기술이죠? 맞아요. AI 청소로봇 편에서 소개한 매핑·자율주행 기능과 거의 같은 원리입니다. 테슬라는 이런 성과를 바탕으로 '완전 자율주행 기술(FSD, Full Self-Driving)'을 개발하고 있어요. 사실 지금까지의 자율주행 기술은 운전자의 주의와 개입이 필요한 '주행 보조 시스템'에 더 가깝습니다.

교통 상황을
스스로 인지하고
판단하는
자율주행 AI

반면 완전 자율주행 기술은 교통신호와 도로 흐름에 맞춰 자동차가 알아서 이동할 수 있어야 해요. 운전자가 할 일은 내비게이션에 갈 곳을 입력하는 것뿐이죠. 목적지에 도착한 뒤 주차도 알아서 합니다. 처음에 주차된 차를 호출했던 스마트 서먼 기능을 거꾸로 적용하는 거예요.

가까운 미래에 모든 자동차가 출발지에서 목적지까지 전 과정을 책임지는 완전 자율주행 시대가 열릴 겁니다. 마침내 사람은 운전하는 수고와, 운전 중에 닥칠 수 있는 다양한 위험에서 해방되는 거죠. 그 덕분에 사람들은 기차 여행을 떠나듯 자동차 안에서도 편안한 휴식을 누리며 새로운 아이디어를 떠올리게 될 거예요.

 # 다시 익히기

✦ 스마트 서먼(차량 호출) 기능에 대한 설명으로 적절한 것을
고르세요.

① 블루투스 신호를 통해 운전자의 위치를 감지하고 이동한다.
② GPS를 통해 운전자의 위치를 파악하고, 인공지능이 계산한 경
로대로 이동한다.
③ 내비게이션에 저장된 마지막 주행 경로를 활용해 이동한다.

✦ 테슬라 비전의 특징으로 적절한 것을 고르세요.

① 카메라로 인식한 교통·도로 상황 데이터를 바탕으로 인공지능
이 차량을 제어한다.
② 레이더를 이용해 주변 차량의 속도를 계산한다.
③ 목적지까지 가장 빠르게 이동할 수 있는 경로를 찾는다.

✦ 완전 자율주행 기술(240쪽 참고)이 실현된 이후의 전망으로
적절하지 않은 것을 고르세요.

① 이동하는 차안에서 운전자는 편안하게 휴식을 취하거나 다른
일을 할 수 있다.
② 특별한 운전 능력이 필요 없으므로 운전면허 제도에 큰 변화가
생긴다.
③ 완전 자율주행이 가능하더라도 돌발 상황에 대비해 인간 운전
자의 주의 의무는 계속될 것이다.

개념 짝짓기

GPS ● ● 인공위성의 신호를 이용해 위치를 파악하는 위성항법 시스템

완전 자율주행 기술 ● ● 자동차 등의 교통수단이 사람의 개입 없이 알아서 판단하고 운행하는 기술

테슬라 비전 ● ● 전기차 기업 테슬라의 주행 보조 기술. 여러 대의 카메라가 주변을 인식하고, 인공지능이 그 정보를 분석해 차량을 제어함

생각 나누기

240쪽 '꼬리를 무는 IT 상식'에 소개된 레벨4 이상의 자율주행 자동차가 등장하면 운전면허 제도가 사라질까요?

꼬리를 무는 IT 상식

자율주행 기술의 단계

자율주행 자동차는 차량이 스스로 주행할 수 있는 능력과 운전자의 개입 정도에 따라 여섯 개의 단계(레벨0~레벨5)로 구분합니다. 레벨0은 운전자가 모든 것을 직접 조작하는 단계입니다. 레벨1에서는 속력 조절, 차로 유지와 같은 일부 기능에 한해 자동차가 운전자를 보조해요.

레벨2는 '부분 자동화'라고도 합니다. 기술적으로는 사람이 운전대나 페달을 조작하지 않아도 운행이 가능해요. 그렇지만 운전자는 운전대에서 손을 놓지 않고 주행 상황을 주시해야 합니다. 언제든지 차량을 통제할 수 있도록 말이죠. 2025년 현재 대부분의 자율주행 자동차에 이 기술이 적용되어 있어요.

레벨3부터는 자율주행 시스템이 차량 운행을 주도합니다. 레벨3은 고속도로 등 특정 환경에서 자율주행이 이뤄지는 '조건부 자동화' 단계예요. 차량이 교통신호와 도로 흐름을 읽고 스스로 주행할 수 있죠. 운전자는 운전대를 놓고 다른 활동이 가능하며, 비상 상황이나 시스템이 요청할 때는 개입할 수 있어요.

레벨4는 '고도 자동화' 단계입니다. 비상시의 대처를 포함해 조건 없는 자율주행이 가능해요. 물론 이 단계에서도 운전자는 차량의 통제권을 가져올 수 있습니다.

마지막 레벨5는 자율주행 시스템이 차량을 100% 통제하는 '완전 자동화' 단계예요. 운전자의 개입을 고려하지 않은 기술로, 레벨5가 상용화되면 운전석이 없는 무인 자동차가 등장할 전망이에요.

불 꺼진 공장의
AI 워커

스마트 제조·물류 시스템

하루 24시간 쉼 없이 가동되는 중국의 한 공장. 그런데 이상합니다. 밤중에도 기계 돌아가는 소리로 가득한 이곳엔 한 줄기의 불빛도, 한 사람의 숨소리도 찾을 수 없거든요.

이곳은 전자기기 제조·판매 기업 샤오미(Xiaomi)의 스마트폰 생산 공장이에요. 완전 자동화 공장으로 사람도 불빛도 필요하지 않아 '다크 팩토리'라는 별명을 가진 이곳에선 수백 대의 산업용 로봇팔(robotic arm)이 1초에 1대씩 스마트폰을 만들어냅니다.

원래 스마트폰과 같은 복잡한 제품을 만드는 공장엔 수천 명의 인력이 필요해요. 하지만 이제는 인공지능과 결합한 AI 워커(AI Worker, 일하는 인공지능)가 모든 생산 과정을 결정하고 진행하는 '스마트 제조 시스템'이 인간의 자리를 빠르게 대신해 나가고 있습니다.

스마트 제조 시스템은 로봇과 인공지능, 빅데이터 등을 활용해 제품을 효율적으로 생산하고 관리하는 환경이에요. 로봇은 사람 대신 복잡하고 힘든 작업을 수행합니다. 공장 전체를 관리하는 인공지능 프로그램은 생산 과정에서 발생하는 문제를 진단하고 개선해요. 이 시스템에서 사람은 극소수만 존재합니다. 인공지능·로봇의 오류나 고장을 손보는 등의 역할을 담당하죠.

독일의 자동차 기업 비엠더블유(BMW)는 아이팩토리(iFactory)라는 스마트 제조 시스템을 운영하고 있어요. 아이팩토리는 공장 전체가 하나의 컴퓨터처럼 작동하며 모든 생산 과정이 데이터로 저장됩니다. 샤오미의 다크 팩토리와 마찬가지로 이곳의 주인공은 인공지능과 로봇팔이에요. 그런데 아이팩토리의 로봇팔은 곧 사람 형태의 휴머노이드 로봇으로 대체될 예정입니다. 산업용 로봇에게 사람처럼 다양한 임무를 맡기겠다는 계획인 셈이죠. 테슬라의 기가 팩토리(Giga Factory)에서도 전기차 생산 공정의 75% 이상을 인공지능, 그리고 수백 대의 로봇팔과 자율이송 로봇이 책임지고 있습니다.

공장뿐만 아니라 생산된 제품이 오가는 물류센터나 항구 시설도 완전 자동화가 이루어지고 있습니다. 이렇듯 인공지능과 로봇을 활용한 스마트 제조·물류 시스템 구현을 위해서는 수백억에서 수천억 원에 달하는 막대한 비용이 듭니다. 그럼에도 불구하고 기업들이 이런 시스템을 도입하는 이유는 그만큼 높은 생산성과 안정성을 기대할 수 있어서예요. 24시간, 연중무휴로 가동되는 데다가 인간 기술자보다 훨씬 정밀한 솜씨를 기대할 수 있기 때문이죠. 작업 중 인명 사고가 일어날 걱정이 없다는 것도 커다란 장점이에요.

점점 더 발전할 인공지능과 로봇 기술의 발전은 모든 일터의 완전 자동화를 불러올 겁니다. 그렇게 되면 일터에서 벗어난 사람은 과연 어떤 역할을 담당하게 될까요?

다시 익히기

✦ 샤오미의 다크 팩토리에서 불빛을 찾을 수 없는 이유를
고르세요.

　① 밝은 낮에만 가동되기 때문에
　② 로봇이 생산을 담당하기에 밝은 조명이 필요 없어서
　③ 기업의 기밀을 보호하기 위해

✦ 스마트 제조 시스템에서 사람의 역할로 적절한 것을
고르세요.

　① 인간 노동자를 관리하는 역할을 한다.
　② 로봇과 인공지능을 유지·보수하고 관리하는 역할을 한다.
　③ 로봇이 생산한 제품을 눈으로 검수하는 역할을 한다.

✦ 많은 기업에서 스마트 제조·물류 시스템을 도입하는 이유를
고르세요.

　① 세금을 줄이기 위해
　② 기업의 이미지를 바꾸기 위해
　③ 생산 속도와 품질을 높이고 인명 사고를 없애기 위해

개념 짝짓기

기가 팩토리 ●   ● 인공지능과 로봇이 사람 대신 생산·물류의
전 과정을 책임지는 완전 자동화 시스템

자율이송
로봇 ●   ● 사람이 조종하지 않아도 스스로 경로를
인식해 제품을 운반하는 로봇

스마트
제조·물류
시스템 ●   ● 자동차 생산 과정의 75% 이상을
인공지능과 산업용 로봇이 대신하는
테슬라의 자동차 생산 공장

 # 생각 나누기

스마트 제조·물류 시스템으로 줄어들 사람들의 일자리 문제는 어떻게 해결해야 할까요?

꼬리를 무는 IT 상식

버추얼 팩토리

버추얼 팩토리(virtual factory)는 실제 공장 데이터를 기반으로 컴퓨터 속에 재현한 가상의 공장이에요. 이런 가상 공장이 왜 필요할까요?

수많은 원료와 기계가 맞물려 복잡하게 돌아가는 공장에선 사소한 문제에도 전체 생산 라인이 멈춰 설 수 있어요. 이를 바로잡는 데는 많은 시간과 비용이 들죠. 생산 제품을 교체하거나 생산량을 조정할 때, 공정을 바꿀 때, 기계를 재배치할 때도 이후에 어떤 문제가 생길지 알기 힘듭니다.

하지만 버추얼 팩토리를 활용하면 이런 문제를 미리 예방할 수 있고, 돌발 상황이 발생해도 유연한 대처가 가능합니다. 실제와 똑같이 구현한 가상 공장에서 공정을 진행하고 점검해볼 수 있기 때문이에요.

화성에서 감자를 키운다고?

애그리테크와 농업의 미래

"아무것도 자라지 않는 이 행성에서 3년 치 식량을 재배할 방법을 찾아야 해요."

영화 《마션》(2015)에서 화성 탐사 도중 사고로 홀로 남겨진 한 식물학자는 이렇게 말합니다. 지구에서 2억2000만 킬로미터 떨어진 황무지에서 그는 과연 식량이 될 만한 작물을 키우는 데 성공할까요?

실제로 나사(NASA, 미국 항공우주국)는 우주 공간에서의 식량 자급을 목표로 지구 바깥에서 작물을 재배하는 기술을 연구 중입니다. '시드(seed, 씨앗) 프로젝트'로 명명된 이 정책에 따라 국제우주정거장(ISS)에는 베지(veggie)라는 이름의 식물 재배 장치가 마련돼 있어요. 토양을 대신하는 배양액과 비료 봉투, 그리고 햇빛 역할을 하는 엘이디(LED) 조명 등 식물이 자라는 데 필요한 최소한의 조건을 갖춘 초소형 농장이죠. 이곳의 우주비행사들은 베지에서 갓 수확한 '우주 상추'를 맛볼 수 있답니다.

한국 사람들은 체감하지 못하지만, 세계 각국은 심각한 식량 위기에 처해 있습니다. 유엔세계식량계획(WEP)에 따르면 2020년대 들어 굶주림에 시달리는 사람은 세계 인구의 10%인 8억 명에 육박한다고 해요. 기후변화와 노동력·농지 부족 등이 식량 위기의 주요 원인으로 꼽히고 있죠. 지난 1만 년간 인류의 생존을 책임지며 문명의 근간이 되어 온 농업이 한계를 맞고 있는 거예요.

이런 식량 위기의 해결 방안으로 떠오른 게 애그리테크(agritech)입니다. 이 말은 농업(agriculture)과 기술(technology)

인공지능과 로봇이 관리하는
도시형 스마트 농장

의 합성어로 인공지능, 빅데이터, 사물 인터넷(IoT), 로봇 등 첨단 기술과 결합된 농업을 의미해요. 대표적 에그리테크로는 데이터에 기반해 최적의 재배 환경을 조성하는 '스마트 농장(smart farm)'이 있습니다.

스마트 농장은 현대 농업의 한계를 어떻게 극복하고 있을까요? 먼저 기후변화와 부족한 농지 문제엔 '수직 재배'라는 해법으로 맞섭니다. 재배 공간을 층층이 수직으로 쌓아 올린 이 농법은 탁 트인 벌판이 아닌 도시의 좁은 빌딩 안에서도 경작을 가능하게 해요.

여기에 인공지능이 빛과 온습도, 이산화탄소 농도와 양분, 병해충 방제 등 최적의 생육 조건을 결정하고 조성합니다. 이를 통해 외부 환경과 상관없이 1년 내내 높은 생산량을 자랑하는 수직 재배형 스마트 농장은 흔히 '식물 공장'으로도 불립니다.

하지만 아무리 잘 키워도 제때 수확하고 운반할 일손이 없다면 곤란하겠죠. 노동력 부족에 대한 해법은 로봇 기술입니다. 한국의 스마트 농장 기업 '로웨인'은 농장을 작물이 자라는 재배 구역과 다 큰 작물을 수확하는 작업 구역으로 나누었어요. 양쪽을 오갈 재배 장치는 분리와 장착이 간편한 모듈형으로 제작했죠.

수확을 앞둔 재배 장치는 자율이송 로봇과 스태커(stacker, 적재) 로봇이 작업 구역으로 옮겨 사람에게 전달하고, 그곳에서 수확을 마친 후 다시 재배 구역으로 옮겨 파종(씨뿌리기)에 들어갑니다. 로봇 기술과 공간 재구성을 통해 사람이 직접 무거운 재배 장치를 나를 때 발생하는 비효율과 위험을 모두 해결한 것이죠.

앞으로도 더욱 정교해질 스마트 농장 시스템은 식량 위기 해결에 큰 보탬이 될 거예요. 세계 어디에 살든 좋은 품질의 식재료를 저렴하게 구할 수 있는 날, 나아가 지구 바깥에서 키운 식재료가 우리 식탁에 오를 날을 기대해 봅니다.

다시 익히기

✦ **'우주 상추'를 재배할 수 있는 까닭을 고르세요.**

　① 햇빛과 물 없이도 자랄 수 있는 종자를 개발해서
　② 배양액과 LED 조명 등 식물이 자랄 수 있는 환경을 조성해서
　③ 우주인의 배설물 등을 화학 처리한 비료를 사용해서

✦ **세계 식량 위기의 원인이 아닌 것을 고르세요.**

　① 지구 온난화 등 기후변화
　② 도시화와 산업 변화에 따른 경작지 감소
　③ 사람들의 식습관 변화

✦ **스마트 농장 등 애그리테크의 장점으로 적절하지 않은 것을 고르세요.**

　① 대도시의 고층 빌딩에서도 농작물을 재배할 수 있다.
　② 데이터 분석을 통해 최적의 재배 환경을 조성할 수 있다.
　③ 빛과 물은 전혀 필요 없다.

개념 짝짓기

수직 재배 ● 　● 농업(agriculture)과 기술(technology)의
합성어로 인공지능, 빅데이터, 사물 인터넷,
로봇 과학 등 첨단 기술을 활용한 농법

시드
프로젝트 ● 　● 우주 공간에서의 식량 자급을 목표로 미국
항공우주국에서 진행하는 식물 재배 기술
연구

애그리테크 ● 　● 재배 공간을 층층이 쌓아 올려 좁은
공간에서도 대규모 경작이 가능한 농법

생각 나누기

사실 한국에선 식량 자체가 부족하다기보다는 유통 과정에서 발생
하는 물량이나 가격의 변동이 더 심각합니다. 애그리테크는 이런
문제 해결에 어떻게 기여할 수 있을까요?

꼬리를 무는 IT 상식

식물들의 건강을 검진하는 인공위성

이 책에 여러 차례 등장한 인공위성은 행성 주위를 돌며 관측·통신 등에 이용되는 장치입니다. 그런데 인공위성의 관측 기능이 식물의 발육을 점검하는 데도 활용된다고 해요.

원리는 이렇습니다. 햇빛의 90%는 인간의 눈에 보이는 가시광선과 보이지 않는 비가시광선(적외선과 자외선 등)으로 구성되어 있습니다. 물론 인공위성은 비가시광선까지도 감지하고 구별할 수 있어요.

한편 식물은 광합성 과정에서 햇빛의 가시광선을 흡수하고, 비가시광선의 하나인 근적외선을 반사해요. 광합성이 활발하다는 건 그만큼 건강하다는 뜻이죠.

인공위성은 바로 이 근적외선의 반사율을 측정해 식물의 건강 상태를 파악하는 데 이용됩니다. 지구를 돌며 식물들의 주치의 역할을 맡고 있는 셈이죠.

프린터로 구운
미디엄레어 스테이크

3D 푸드 프린팅

식당 주방 한쪽에 놓인 3D 프린터. 주문이 들어왔지만 주방
장은 칼과 프라이팬을 쥐는 대신 윙윙 기계음을 내며 분주히
작동하는 3D 프린터의 노즐만 주시하고 있습니다. 대체 무슨
상황일까요?

　보통의 프린터가 화면에 보이는 텍스트와 이미지를 빈 종
이에 인쇄한다면 3D 프린터는 말 그대로 3D(three dimen-
sions), 즉 3차원의 사물을 빈 공간에 인쇄합니다. 쉽게 말해
3D 프린터는 설계도에 따라 원하는 물건을 만들어 내는 도구

예요. 곱게 분말 처리된 금속·플라스틱·종이 등의 재료를 잉크처럼 분사하고, 레이저를 이용해 녹이고 굳히기를 반복하면서 말이죠.

초기엔 상품의 모형이나 작은 부속을 만드는 데 쓰이던 3D 프린터는 점차 용도를 넓혀 가고 있습니다. 건축·의료 분야는 물론 식품 산업에서도 찾아볼 수 있게 되었죠. 이른바 3D 푸드 프린팅. 분말이나 액체 상태의 식재료를 분사해 한 겹씩 한 층씩 쌓아 가며 초콜릿이나 치즈 케이크를 만든답니다. 그러니까 처음에 소개한 주방장도 3D 프린터로 음식을 만들고 있던 거죠.

3D 푸드 프린팅 기술은 인간 요리사의 솜씨를 재현하는 데 그치지 않고 식재료 자체를 만들어 내는 수준에 이르렀습니다. 대체육[✦]이 대표적이에요. 이스라엘의 대체육 기업 리디파인 미트(Redefine Meat)는 식물성 단백질, 코코넛 오일, 물과

✦ 콩, 밀, 버섯 등 식물성 재료에서 추출한 단백질과 지방을 이용해 고기의 맛과 식감을 내는 인공 식품

색소, 조미료 등으로 구성된 바이오 잉크를 이용해 소고기의 대체육 '뉴미트'를 개발하는 데 성공했습니다. 이 기업의 실험실에 놓인 냉장고 크기의 3D 프린터는 시간당 50장 이상의 스테이크를 생산한다고 하죠.

맛은 어떨까요? 테스트에 참가한 10명 중 8명은 실제 소고기와 대체육을 구별하지 못했다고 해요. 3D 프린팅 기술로 실제 소고기의 근육 조직, 지방과 수분의 비율, 가열할 때의

식감 변화 등을 정교하게 재현해 낸 덕분이에요.

스페인 기업 노바미트(Novameat)가 개발한 3D 푸드 프린터는 좀 더 작고 간편한 형태예요. 캡슐 커피머신처럼 닭고기·돼지고기·연어 등 원하는 식재료가 든 캡슐을 장착 후 버튼만 누르면 3D 프린터가 알아서 대체육을 프린트합니다.

3D 푸드 프린팅은 날로 커져 가는 인류의 식량 위기를 해결할 기술로도 주목받고 있습니다. 고기는 전 세계인이 즐기는 식재료이지만, 그 소비량을 감당하기 위해 축산업은 엄청난 양의 온실가스를 배출하고 있어요. 그리고 온실가스가 불러온 가뭄과 폭염 등의 기후변화는 다시 축산업에 악영향을 미치고 있죠. 다시 말해, 현재의 축산업은 지속 가능하지 않습니다.

식물성 재료로 대체육을 생산하는 3D 푸드 프린팅은 온실가스와 기후변화에서 자유롭습니다. 게다가 영양학적으로 완벽한 식재료와 음식을 만들 수 있고, 천차만별인 사람들의 입맛에 맞추는 것도 가능하죠.

머지않아 집집마다 소형 3D 푸드 프린터가 한 대씩 놓일지도 몰라요. 버튼 하나만 누르면 원하는 식재료와 먹음직스러운 요리가 프린트되는 미래의 주방에서 여러분은 무엇을 주문하고 싶나요?

다시 익히기

✦ 3D 프린터의 작동 방식으로 적절한 것을 고르세요.

　① 고열에 녹인 재료를 원하는 모양의 틀에 부어서 굳힌다.
　② 반죽으로 형태를 만든 뒤 불로 구워 낸다.
　③ 분말 형태의 재료를 분사하면서 고열로 녹이고 굳히며 층층이
　　쌓아 올린다.

✦ 3D 푸드 프린팅 기술로 만든 대체육이 실제 고기와 같은 맛을
　내는 이유를 고르세요.

　① 고기의 근육 조직과 각 성분의 비율, 식감 등을 정확하게 재현
　　해서
　② 진짜 고기에서 추출한 재료를 사용해서
　③ 감칠맛을 내는 특수 조미료를 사용해서

✦ 3D 푸드 프린팅 기술이 식량 위기의 대안으로 주목받는
　이유를 고르세요.

　① 조리 시간을 단축해 식사를 빨리 제공할 수 있어서
　② 농업이나 축산업을 거치지 않고 식재료를 대량 생산하고, 영양
　　학적으로 완벽한 음식을 만들 수 있어서
　③ 식품 보관 기간을 획기적으로 늘릴 수 있어서

 # 개념 짝짓기

3D 프린터 ● ● 콩, 밀, 버섯 등 식물성 재료를 이용해
고기의 맛과 식감을 내는 인공육

대체육 ● ● 분말 처리된 금속·플라스틱·종이 따위를
잉크처럼 분사해 원하는 물건을 만드는
도구

3D 푸드
프린팅 ● ● 분말이나 액체 상태의 식재료를 분사해
한 겹씩 한 층씩 쌓아 가며 원하는 음식을
만들어 내는 3D 프린팅 기술

 # 꼬리를 무는 IT 상식

4D 프린터

4D 프린팅은 3D 프린팅에 외부 환경 변화를 적용하는 기술이에
요. 쉽게 말해 3D 프린터로 출력한 물체가 빛, 온습도, 중력, 공기
등의 변화에 따라 새로운 형태와 구조로 바뀌는 거죠. 4D 프린팅
은 뼈와 근육, 신경, 장기 등 인체 조직을 재생할 수 있어서 특히 의
료 분야에서 주목받고 있습니다. 그 밖에도 건축 공법이나 우주 탐
사의 한계를 극복하는 데도 큰 역할을 할 것으로 기대되고 있어요.

생각 나누기

각자 3D 푸드 프린터로 만들어 보고 싶은 식재료나 음식을 이야기해 볼까요?

우븐 시티와 네옴

스마트 도시의 현재와 미래

SF 영화 《엘리시움》(2013)의 무대는 가상의 미래 도시예요. 황폐화된 지구를 떠나 우주 공간에 건설된 도시 엘리시움의 주민들에겐 아무런 걱정이 없습니다. 자연재해나 범죄는 딴 세상 이야기이고, AI 로봇이 모든 귀찮은 일을 대신해 주니까 말이죠. 몸이 아플 걱정도 없답니다. 집집마다 설치된 메디컬 머신이 어떤 난치병이든 단 몇 초 만에 치료하니까요. 그야말로 천국과도 같은 도시죠.

그러나 우리가 사는 현실의 도시는 달라요. 좁은 지역에 많은 인구가 모여 사는 만큼 여러 가지 문제를 안고 있습니다. 전염병이 번지기 쉽고, 주택·에너지 부족도 곧잘 발생하죠. 공해도 심각해요. 전 세계 도시의 역사는 이런 문제들과 함께 해 온 역사이기도 합니다.

고대 도시인들은 도시의 위생을 개선하고 전염병을 막기 위해 상하수도 시설을 만들었습니다. 산업혁명 시대에는 바쁘게 출퇴근하는 사람들을 한꺼번에 운송할 수 있도록 마차 대신 노면전차(트램)를 설치했어요. 주택 부족을 해결하기 위해서는 아파트 같은 공동주택을 건설했죠.

하지만 생활환경이 개선될수록 더 많은 사람들이 도시로 몰려들며 또 다른 문제를 낳았어요. 오늘날 각국의 이름난 도시들은 대부분 심각한 공해와 교통 체증, 그리고 전력을 비롯한 에너지 부족에 시달리고 있습니다.

이런 문제를 영화 속 엘리시움과 같은 도시를 만들어 해결하자는 아이디어가 있어요. 이른바 스마트 도시(smart city)는 IT 등 첨단 기술과 빅데이터를 중심으로 한 도시 운영 모델입니다. 스마트 도시의 핵심은 주거, 안전, 에너지, 환경, 교통, 통신, 복지, 행정 등 도시 구석구석까지 빈틈없이 연결된 통신망이에요. 이를 바탕으로 정보를 수집·분석해 각종 문제에 대처하고 결정을 내리죠. 스마트 도시의 목표는 시민들의 편리하고 안전한 삶, 그리고 도시의 지속 가능한 발전입니다.

일본의 자동차 기업 토요타(Toyota)는 2020년부터 후지산 인근에 '우븐 시티'라는 스마트 도시를 건설하고 있습니다. 우븐(woven)은 실로 옷감을 만든다는 뜻이에요. 방직공장에서 시작된 토요타의 역사를 기념하는 것과 동시에 도시 내부를 촘촘하게 연결한다는 의미를 담았습니다. 잘 짜인 옷감처럼 말이죠.

우븐 시티는 친환경·신기술 도시를 지향해요. 따라서 이곳의 모든 시설은 탄소를 배출하지 않는⁺ 소재와 공법으로 짓고 있습니다. 전력은 태양광과 수소 연료로 공급하고, 자율주행 자동차를 이용한 교통 체증 없는 도로망을 구축했어요. 여

✦ 기후변화를 막기 위한 조치로 '탄소 중립'이라고도 해요.

기에 노인의 생활과 가사노동을 지원하는 AI 로봇, 범죄예방을 위한 드론도 투입된다고 해요. 1단계 개발을 마친 우븐 시티에는 2025년 가을 100명이 입주하는 것을 시작으로, 향후 2000명의 인구가 생활하게 될 예정입니다.

한편 사우디아라비아는 2030년 완공을 목표로 사막과 바다, 산악 지대를 잇는 스마트 도시 '네옴(Neom)'을 건설하고

후지산 기슭에 들어선 우븐 시티

있습니다. '새로운 미래'를 뜻하는 네옴은 한국의 경상도와 맞먹는 면적에 모든 시설과 시스템이 인공지능으로 운영되는 대규모 스마트 도시예요.

네옴은 풍력과 태양광으로 전력을 충당합니다. 1년 내내 뜨거운 햇빛이 내리 쪼이고 강한 바람이 부는 사막 지대이기에 가능한 발상이죠. 재생에너지로 만든 전력은 도시의 내부를 시원하게 유지하는 등 적재적소에 낭비 없이 사용돼요. 또한 도시를 관통하는 지하 터널에는 초고속 열차를 운행해 막힘 없는 친환경 교통망을 구축할 예정입니다.

물론 이런 스마트 도시를 짓는 덴 막대한 비용이 들어갑니다. 막 1단계 건설을 마친 우븐 시티에는 한국 돈 13조 원이 투입됐고, 100만 명 이상이 거주할 네옴 프로젝트엔 무려 700조 원이 넘는 사업비가 책정돼 있다고 해요. 그러나 각종 공해와 에너지 부족, 극심한 교통 체증 등에 따르는 고통과 대가를 감안하면 비용이 과하다고만 할 수는 없을 겁니다. 영화 속 공간에서 현실로 성큼 다가온 스마트 도시가 그려낼 미래의 삶을 더 상상해 볼까요?

다시 익히기

✦ 스마트 도시에 대한 정의로 가장 적절한 것을 고르세요.

　① 시민의 복지를 최우선으로 추구하는 도시
　② 지진, 태풍 등의 자연재해에서 안전한 도시
　③ 첨단 IT 기술과 빅데이터를 활용해 효율적으로 운영되는 도시

✦ 우븐 시티나 네옴 등의 스마트 도시 실험이 주목받는 이유로
　적절한 것을 고르세요.

　① 대기 오염 등 공해와 교통난 해소
　② 빈부격차 해소
　③ 모든 세금의 면제

✦ 막대한 비용에도 불구하고 스마트 도시를 추진해야 하는
　이유로 적절하지 않은 것을 고르세요.

　① 시민의 삶의 질을 향상시키기 위해
　② 에너지 등 자원을 효율적으로 관리해 지속 가능한 도시를 만들
　　기 위해
　③ 식량 위기를 해소하기 위해

 개념 짝짓기

도시 문제 ●	● 첨단 IT 기술을 활용해 도시를 효율적으로 운영하며, 시민의 삶의 질 개선과 지속가능한 성장을 추구하는 도시 모델
스마트 도시 ●	● 태양광, 수력, 풍력처럼 자연에서 얻을 수 있으며, 계속 사용해도 자연적으로 다시 공급되는 에너지
재생에너지 ●	● 교통 체증, 주택난, 환경오염, 전염병 유행 등 인구가 밀집된 도시에서 발생하는 각종 사회 문제

 생각 나누기

여러분이 스마트 도시 설계자라면 어떤 기능과 기술을 적용해 보고 싶나요?

- -

- -

- -

꼬리를 무는 IT 상식

공중 도시는 정말 가능할까요?

조너선 스위프트(Jonathan Swift)의 소설 《걸리버 여행기》(1726)
는 영국인 의사 걸리버가 세계를 항해하면서 겪은 신비로운 기행
문입니다. 그 가운데는 하늘을 날아다니는 섬 '라퓨타'에 관한 모험
담도 있어요. 지브리 스튜디오의 첫 번째 애니메이션으로 잘 알려
진 《천공의 성 라퓨타》(1986)는 바로 이 이야기를 모티프로 만들
어진 작품이랍니다.

라퓨타는 어떻게 공중에 떠 있을 수 있는 걸까요? 소설이나 애니
메이션에선 지구의 중력을 조절할 수 있는 거대 자석 또는 스스로
하늘에 뜨는 힘을 가진 비행석 덕분이라고 설명해요.

그렇다면 이런 특수 물질이 없는 현실에선 공중 도시가 불가능할
까요? 그렇지 않아요. 행성의 궤도에 안착해 공전하는 인공위성
기술을 활용하면 신비로운 자석이나 비행석 없이도 하늘에 떠 있
는 게 가능합니다. 앞에서 소개한 미래 도시 엘리시움이 바로 이런
원리로 건설된 공중 도시예요. 물론 실제로 도시 규모의 인공물을
지구 밖으로 쏘아 올리기 위해선 훨씬 더 발전된 과학기술이 필요
하겠지만 말이죠.

서울에서 부산까지
20분?

철로 위의 비행기 하이퍼튜브

"너무 빨리 달려서 사람들이 질식해 죽을 수도 있습니다."

오래전 신문의 헤드라인 기사 제목이에요. 이 기사가 소개한 교통수단은 무엇일까요? 고속열차? 비행기? 놀랍게도 증기기관차입니다. 더 놀라운 건 당시 증기기관차의 속력은 시속 38킬로미터(38km/h)에 불과했다는 거죠.

우스운 이야기지만 그만큼 교통수단이 엄청나게 발전했다는 뜻이기도 해요. 이후 디젤기관차를 거쳐 자동차, 고속열차,

비행기에 이르기까지 점점 더 빠른 교통수단이 등장했지만 질식하는 사람은 없었고, 세상은 그만큼 더 가까워졌습니다.

이제 그 거리를 한 차원 더 좁힐 새로운 교통수단이 조금씩 모습을 드러내고 있어요. 비행기보다 빠른 '꿈의 초고속열차' 하이퍼튜브(hypertube)입니다.

하이퍼루프(hyperloop) 또는 진공 튜브트레인(vaccum tube train)이라고도 불리는 하이퍼튜브는 최고 속력이 1000km/h를 넘는 초고속 자기부상열차✦예요. 한국에서 가장 빠른 열차인 KTX의 최고 속력(320km/h)은 가볍게 뛰어넘고, 비행기의 평균 속력(900km/h)보다도 빠르죠. 나아가 음속, 즉 소리의 빠르기(1235km/h)에도 견줄 만한 하이퍼튜브의 이런 속력은 열차가 진공 상태의 튜브 터널을 공기 저항 없이 달리는 데서 나옵니다.

하이퍼튜브는 빠르기만 한 게 아니랍니다. 여러분도 비행

✦ 바퀴 대신 자기력을 이용해 철로 위에 뜬 채로 달리는 열차를 말해요.

기와 일반 고속열차가 공기를 가르거나 바닥과의 마찰로 내뿜는 굉음에 귀를 막아본 경험이 있을 거예요. 하이퍼튜브 근처에선 그럴 필요가 없습니다. 공기 저항이 없고, 자기력으로 공중에 뜬 채로 달리기 때문에 소음과 진동도 현저히 줄어들기 때문이죠. 그 덕분에 정차역이나 선로를 건설하는 데 제약이 적다는 장점도 있어요.

하이퍼튜브의 핵심은 자기부상 및 추진 기술입니다. 구체적으로는 하이퍼튜브 열차와 전용 선로 설계, 전자석 시스템, 주행·제어 기술 등이 뒷받침되어야 하죠. 어느 하나 쉬운 과제가 아닌 데다가 막대한 비용이 들어가는 사업이기에 세계 각국은 치열한 개발 경쟁에 뛰어들었습니다.

2024년 네덜란드에 위치한 유럽 하이퍼루프 센터에서는 자기부상 캡슐이 420미터 길이의 진공 튜브에서 30km/h로 달리는 데 성공했고, 100km/h로 달리는 테스트를 앞두고 있어요. 같은 해 중국항공우주과학 공업그룹은 자체 개발한 자기부상열차 시험 운행에서 600km/h 이상의 속력을 기록했습니다.

한국 철도기술연구원(철도연)은 2009년 세계 최초로 하이퍼튜브 연구를 본격화한 곳이에요. 철도연은 2020년 실제 열차를 17분의 1 크기로 축소한 모형 테스트에서 1000km/h 이상의 속력을 내는 성과를 거두었습니다. 전문가들의 전망대로 2030년대에 하이퍼튜브가 상용화되면 서울-부산을 20분 만에 주파할 수 있어요. 서울역을 떠나면서 부산역 앞 식당에 음식을 주문하면 도착해서 바로 맛볼 수 있는 세상이 오는 거죠.

여러분도 〈원숭이 엉덩이는 빨개〉라는 동요를 불러 봤을 텐데요. 2030년대의 어린이들은 이 노래의 가사를 바꿔 부르게 될지도 모르겠어요. "바나나는 길어, 길면 기차, 기차는 빨라, 빠른 것은 하이퍼튜브…"로 말이에요.

다시 익히기

✦ **하이퍼튜브가 음속에 가까운 속력을 낼 수 있는 비결을 고르세요.**

① 자기부상·추진 기술을 이용해 진공 튜브 속을 공기 저항 없이 달려서
② 비행기에 이용되는 제트엔진을 장착해서
③ 핵분열 반응을 이용한 원자력 추진 기술을 사용해서

✦ **하이퍼튜브가 기존의 고속열차나 비행기에 비해 소음 피해가 적은 이유가 아닌 것을 고르세요.**

① 진공 튜브 속에서 공기 저항 없이 달려서
② 자기부상 기술을 적용해 열차와 선로 사이에 마찰이 없어서
③ 역사와 선로 주변에 여러 겹의 방음벽을 설치해서

✦ **하이퍼튜브의 핵심 기술이 아닌 것을 고르세요.**

① 자기부상 및 추진을 위한 초전도 전자석 시스템
② 진공 상태의 전용 선로(튜브) 설계와 제작
③ 자율주행 기술

개념 짝짓기

자기부상 열차	● ●	진공 상태의 튜브 터널을 공기 저항 없이 달리는 초고속 자기부상열차
하이퍼튜브	● ●	자기력을 이용해 공중에 뜬 채 달리는 열차
음속	● ●	소리가 퍼져 나가는 속도

꼬리를 무는 IT 상식

하이퍼튜브가 선로를 벗어나지 않는 비결

하이퍼튜브가 공중에 뜬 채 시속 1000km의 속도로 질주하는 동안 선로를 벗어나지 않는 건 열차와 선로의 위치를 정확히 감지하는 센서 덕분입니다. 튜브 내부에 설치된 '라이다 센서'는 열차에 레이저를 쏴서 측정한 정보를 컴퓨터가 이해할 수 있는 신호로 바꿔줍니다.

이 밖에도 다양한 센서가 존재해요. 온도와 습도 변화에 따라 전기의 흐름이 변하는 성질을 이용한 온습도 센서, 보안을 위한 지문 센서, 운전과 주차를 도와주는 충돌방지 센서, 사람의 심박수를 측정해 건강관리를 돕는 센서도 있죠. 기계의 눈과 귀에 해당하는 각종 센서는 보다 편리하고 안전한 세상을 위해 곳곳에서 활약하고 있습니다.

 생각 나누기

하이퍼튜브가 개발되어 전국이 1시간 생활권으로 바뀐다면 우리
삶은 어떻게 달라질까요?

하늘을 달리는 에어택시

3차원 도심항공교통

앞뒤가 꽉 막힌 도로에서 하늘을 날아 목적지에 도착하는 상상. 누구나 한번쯤은 해 봤을 거예요. 등굣길이나 출퇴근길에, 혹은 명절에 고속도로에서 갇혀 본 경험이 있다면 더더욱 그럴 테고요.

2030년 서울 광화문역 에어택시 승강장. 프로펠러가 여러 개 달린 2인승 에어택시에 승객이 올라탑니다. 프로펠러가 돌면서 하늘로 떠오른 에어택시는 15분 만에 목적지인 인천공항에 도착해요. 자동차나 지하철이라면 1시간은 족히 걸릴 거리죠.

이렇듯 전기를 동력으로 삼아, 수직으로 이착륙하는 항공기를 이브이톨(eVTOL, electric Vertical Take-Off and Landing)이라고 해요. 그리고 eVTOL을 이용해 사람과 화물을 운송하는 교통체계를 도심항공교통(UAM, Urban Air Mobility)이라고 합니다. 자동차보다 훨씬 빠르고 교통량에 영향을 받지 않으며, 기존의 비행기나 헬기보다 훨씬 간편하고 저렴하게 이용할 수 있다는 점에서 미래 도시에 걸맞은 교통 시스템으로 각광받고 있어요.✦

도심항공교통은 환경 친화적이라는 점에서도 주목받습니다. 무엇보다 석유를 때는 자동차나 헬기와 달리 eVTOL은 배터리와 연료전지로 작동하기에 매연을 내뿜지 않고, 탄소 배출량도 적어요. 소음도 크지 않아 도시의 하늘을 나는 데 문제가 없죠.

✦　앞서 소개한 아마존의 '드론 배송' 역시 도심항공교통의 일종이에요.

도심항공교통이 운송 산업의 미래로 떠오르면서 eVTOL 개발 경쟁도 치열해요. 유럽의 항공기 제작사 에어버스에서 만든 드론은 120km/h의 속력으로 80킬로미터까지 비행할 수 있습니다. 상용화 목표가 2030년이라고 하니 몇 해 뒤에는 직접 이용해 볼 수 있을 거예요. 중국의 드론 제작사 이항(Ehang)은 파일럿 없이 운항하는 무인 eVTOL, 즉 '드론택시'를 개발했습니다. 이 기종은 미국·일본 등 여러 나라에서 6만 회 이상 시험 비행에 성공했다고 해요.

서울 광화문 광장에
버티포트가 생긴다면…

eVTOL이 뜨고 내리는 곳을 버티포트(vertiport, 수직이착륙장)라고 해요. 이착륙뿐만 아니라 승객의 승하차, 충전과 정비가 이뤄지는 장소이기도 하죠. 버티포트는 평소엔 에어택시의 정류장으로 운영되지만, 재난이나 응급 환자 발생 시에는 긴급 구조의 거점으로도 활용될 수 있을 겁니다.

도심항공교통이 정착하기 위해선 무엇보다 이 시스템이 안전하다는 믿음을 줘야 해요. 비행기·헬기가 그렇듯 eVTOL의 이용은 기상 상황에 크게 좌우됩니다. 특히 도심지를 가로지르는 eVTOL에는 빌딩풍(바람이 고층 건물에 부딪혀 발생하는 돌풍)의 존재도 커다란 위협이에요. 따라서 도시의 세밀한 기상변화를 관측·예측할 수 있는 데이터와 기술이 마련되어야 합니다. 비상착륙 등 돌발 상황에 대처할 수 있는 방안도 함께 말이죠.

도심항공교통은 2차원 지면(도로와 철로)에 머물던 이동의 풍경을 3차원으로 확장할 거예요. 앞으로 몇 해 뒤면 열리게 될 도시의 하늘길. 여러분은 어디로 가 보고 싶나요?

다시 익히기

✦ 하늘길을 이용하는 도심항공교통의 업무가 아닌 것을 고르세요.

    ① 도시 내에서 승객을 목적지까지 이송
    ② 재난 발생 시 응급 환자나 긴급 구호물자를 이송
    ③ 냉장고, 자동차 같은 무거운 화물을 운송

✦ 도심항공교통이 성공적으로 자리 잡기 위한 과제로 가장 시급한 것을 고르세요.

    ① eVTOL이 안전하게 이착륙할 수 있는 긴 활주로
    ② 돌발 강우, 안개, 빌딩풍 등 도심지 곳곳에서 발생하는 기상 변화에 대한 관측·예측 시스템
    ③ 출퇴근 시간에 대량 수송이 가능한 기체

✦ eVTOL이 친환경 이동수단으로 평가받는 이유를 고르세요.

    ① 배기가스를 배출하지 않는 배터리와 연료전지를 사용해서
    ② 재생가능한 태양광 에너지를 연료로 사용해서
    ③ 천연가스를 연료로 사용해서

 개념 짝짓기

도심항공교통
(UAM) ●

　　　　　　●　전기에너지를 동력으로 사용하며,
　　　　　　　 수직으로 이착륙하는 항공기

이브이톨
(eVTOL) ●

　　　　　　●　eVTOL을 이용해 하늘길로 승객과 화물을
　　　　　　　 운송하는 교통 체계

버티포트 ●

　　　　　　●　에어택시 등 eVTOL이 이착륙하며, 승객의
　　　　　　　 승하차와 기체의 충전 및 정비를 겸하는
　　　　　　　 장소

 꼬리를 무는 IT 상식

에어택시의 요금은 얼마가 적당할까요?

지긋지긋한 교통체증에서 사람들을 구해줄 에어택시의 요금은 얼마가 적당할까요? 한국의 국토교통부에 따르면 에어택시 요금은 1킬로미터당 3000원 수준으로 책정될 예정입니다(2024년 물가 기준, 기본요금 제외). 기본요금을 제외하고 1킬로미터당 1000원이 안 되는 서울 택시 요금의 세 배에 달하죠. 물론 비싼 만큼 시간을 절약할 수 있어요. 서울 강남에서 인천공항까지 택시를 타면 1시간 40분이 넘게 걸리지만, 에어택시로는 20분이면 충분하답니다. 그래도 너무 비싸다고 생각된다면 하루 빨리 에어택시가 자리를 잡길 기대해 보는 것도 좋아요. 업체 간 경쟁이 시작되면 요금은 더 내려갈 수 있을 테니까요.

 생각 나누기

도심항공교통의 버티포트를 어디에 설치하는 것이 좋을까요?

또 하나의 지구

디지털 트윈

스마트 공장 편에서 잠깐 소개한 컴퓨터 속 가상 공장, 버추얼 팩토리를 기억하나요? 버추얼 팩토리처럼 현실의 사물이나 공간을 가상 세계에 똑같이 재현하는 기술을 '디지털 트윈(digital twin)'이라고 합니다. 현실 세계의 쌍둥이가 가상 세계에 존재하는 셈이죠.

아시아의 대표적 도시국가 싱가포르는 2015년부터 600만 명이 사는 도시 전체를 가상 세계에 복제했습니다. 이른바 '버추얼 싱가포르'. 실시간 지형 데이터를 활용해 건물, 도로, 공원뿐만 아니라 가로수 하나까지 세밀하게 복제한 싱가포르의 디지털 쌍둥이가 탄생한 거죠.

디지털 트윈이 만들어 낸 가상 세계에서는 현실에서 시도하기 힘든 다양한 실험이 가능해요. 가령 버추얼 싱가포르의 특정 지역에 폭우가 쏟아지게 할 수 있죠. 이를 통해 홍수와 관련한 데이터를 모으고, 피해 예방책을 마련할 수 있답니다.

지진, 화재 등 다른 재난도 마찬가지예요. 올림픽이나 월드컵 같은 대규모의 국제 행사 역시 이런 시뮬레이션을 통해 차질 없이 준비하고 치를 수 있게 됩니다. 이렇게 이 쌍둥이 가상 도시는 환경·교통·경제 분야를 아우르며 현실의 싱가포르가 '스마트 국가'로 나아가는 데 한몫을 담당하고 있어요.

이번엔 버추얼 팩토리 이야기를 좀 더 해볼까요? 우리가 찰흙으로 무언가를 만들다 실패하거나, 처음 계획과는 다른 걸 만들고 싶다면 어떻게 하죠? 빚다 만 찰흙을 다시 뭉치거나 새 찰흙을 써야 할 겁니다. 공장도 비슷해요. 생산한 제품에 문제가 있거나 새로운 제품을 만들 때마다 원료와 기계를 바꾸거

디지털 트윈을 활용해 전통의 모습을 재현·복원한 경복궁 광화문

나 공정을 조정해야 합니다. 아예 공장을 허물고 다시 짓는 경우도 있죠. 당연히 막대한 시간과 비용이 들어갈 테고요.

디지털 트윈 기술을 이용한 버추얼 팩토리에서는 이런 고민이 필요 없습니다. 얼마든지 새로 만들고, 바꿔 볼 수 있으니까요. 독일의 자동차 기업 BMW는 신형 모델이 개발되면 버추얼 팩토리에서 먼저 제작해 본다고 합니다. 문제를 미리 점검한 후에 대량생산에 들어감으로써 사고와 비용을 예방할 수 있는 거죠.

디지털 트윈은 스마트 농장에서도 중책을 맡고 있습니다. 농작물의 재배 공간과 환경을 가상 세계에 복제하는 거예요. 그곳에서 온습도와 빛의 밝기, 비료의 배합 등에 변화를 주며 최적의 재배 모델을 만들어 냅니다. 이를 통해 계절과 지역에 상관없는 농작물 재배, 그리고 AI 자동화 시스템과 결합한 원격 재배가 가능하게 됩니다. 농민들이 농번기에도 여름휴가를 떠날 수 있는 진정한 스마트 농장이 열리는 거죠.

머지않아 디지털 트윈 기술은 지구 전체를 가상 세계에 복제하게 될 거예요. 그렇게 탄생한 또 하나의 지구에서 우리는 기후변화를 비롯해 각종 재난·사고, 온갖 사회·경제적 문제를 시뮬레이션 하고 마침내 해결책을 찾게 될지도 모릅니다. 여러분은 디지털 트윈 기술로 무엇을 재현하고, 그곳에서 어떤 실험을 해보고 싶나요?

다시 익히기

✦ **디지털 트윈 기술의 특징으로 옳은 것을 고르세요.**

① 현실에 존재하는 사물과 공간을 가상 세계에 그대로 복제·재현한다.
② 건물 내부는 복제·재현하지 못한다.
③ 한 번 복제한 이후에 발생한 현실 세계의 변화는 반영되지 않는다.

✦ **디지털 트윈으로 구현한 가상 세계에서 할 수 없는 것을 고르세요.**

① 음식의 향이나 맛을 느낄 수 있다.
② 특정 지역에 홍수나 지진을 일으키는 실험을 할 수 있다.
③ 물건을 만들거나 공장을 짓기 전에 문제점을 미리 파악할 수 있다.

✦ **스마트 농장에서 디지털 트윈을 활용하는 이유로 알맞은 것을 고르세요.**

① 농산물의 가격을 예측할 수 있어서
② 최적의 재배 환경을 파악하고 그에 따라 관리할 수 있어서
③ 일손을 획기적으로 줄일 수 있어서

개념 짝짓기

디지털 트윈 ●   ● 첨단 IT 기술을 이용해 최적의 재배 환경을 찾고, 그에 맞춘 관리를 통해 농산물의 품질과 생산성 향상을 꾀하는 농장

시뮬레이션 ●   ● 어떤 문제를 분석하거나 해결하기 위해 실제와 비슷한 모형을 만들어 실험하는 행위

스마트 농장 ●   ● 현실의 사물이나 공간을 가상 세계에 똑같이 재현하고 시뮬레이션 함으로써, 결과를 예측하고 발생 가능한 문제를 예방하는 기술

생각 나누기

여러분에게 무엇이든 복제할 수 있는 디지털 트윈 기술이 주어진다면 무엇을 재현하고, 그곳에서 어떤 실험을 해보고 싶나요?

꼬리를 무는 IT 상식

대부분의 범죄는 그 형태와 수법이 비슷하게 반복되는 경향이 있어요. '예측 치안(predictive policing)'은 이런 점에 착안해 과거의 사건 기록과 CCTV 영상 등을 토대로 범죄 발생 가능성을 분석해서 예방하는 기술입니다.

2024년 한국전자통신연구원은 인공지능이 학습한 과거의 범죄 데이터(범죄 유형·수법·장소·시간 등)와 CCTV로 촬영된 영상을 비교해 범죄 징후를 감지하는 기술인 '데자뷰(Dejaview)'를 개발했습니다. 물론 과거의 정보만으로 미래를 정확히 내다보는 건 불가능합니다. 그렇다면 예측 치안이 디지털 트윈 기술과 결합하면 어떨까요? 디지털 트윈이 제공하는 도시 구석구석의 데이터와 시간에 따라 변화하는 상황 정보는 예측 치안의 정확도와 신속성을 크게 높일 거예요. 디지털 트윈이 만든 가상 세계가 현실 세계의 안전에 기여하는 셈이죠.